KB059300

지금 시작해도
수학이 된다

인생의 무기가 되는 **수학의 7가지 핵심**

지금 시작해도
수학이 된다

쓰루사키 히사노리 지음 · 한성례 옮김

비전코리아

시작하는 말

저는 도쿄대학교 퀴즈연구회에 소속되어 있었던 2016년 10월 TBS 퀴즈 특집 방송 〈동대왕 2016〉에 출전했습니다. 거기에서 운 좋게 우승했고, 2017년 4월부터 정규 방송으로 편성되어 계속 출연하고 있습니다. 그래서 많은 분들이 저를 '퀴즈 잘 푸는 사람'으로 알고 있습니다.

2021년 현재 저는 도쿄대학교 대학원 수리과학연구과에서 수학을 연구하고 있습니다. 생각해보면 초등학교 1학년부터 **'20년 가까이 수학을 계속 배우고 있는 사람'**입니다. 그러다 책을 출판할 기회가 생겨서 무엇을 쓸지 고민하게 되었습니다. '퀴즈에 대해 쓸까', '공부법에 대해 쓸까' 잠시 망설였지만 역시 나는 수학 전문이라고 생각했습니다.

저는 유치원 때부터 숫자를 좋아했습니다. 다른 아이들이 공룡이나 그림 그리기를 좋아하는 것처럼 2나 8 같은 숫자를 좋아했습니다. 2와 8, 두 숫자를 합하면 10이 된다는 것도 너무 신기했습니다. 당연히 수학을 놀이처럼 좋아했고 잘하는 편이어서 장래의 꿈은 오로지 수학자가 되는 것이었습니다.

'수학을 잘하려면 탁월한 감각과 발상력이 필요한가요?'

자주 받는 질문 중 하나입니다. 무엇이든 그 분야에 '탁월한 사람과 그렇지 않은 사람'이 있다는 것은 부정할 수 없습니다. 다만 탁월함이란 번뜩이는 천재성이 아니므로 연습하면 얼마든지 실력을 늘릴 수 있습니다.

제가 원래 머리가 좋아서, 수학을 좋아해서 수학을 잘한다고 단정 짓지 않으면 좋겠습니다. 저는 초등학생 때부터 다른 학생들보다 수학을 적어도 10배는 더 많이 공부했고, 그러다 보니 10배 이상 수학을 즐겼습니다. **탁월한 감각이나 발상력은 타고난 것이 아니라 연습으로 얻은 것입니다.** 수학을 무진장 좋아하는 괴짜의 말이 아닙니다. 저의 그러한 경험을 정리한 것이 바로 이 책입니다.

제가 계속 수학 공부에 매달리는 이유는 무엇보다 수학을 좋아하고, 즐겁고, 재미있고, 때로는 아름답게 느껴졌기 때문입니다. 따라서 이 책의 가장 큰 목표는 '수학을 좋아하게 만드는 것'입니다.

"그런데 이 책을 읽고 나서도 여전히 수학 실력이 오르지 않으면 어떡하죠?"라고 질문하는 분들도 있을 것입니다. 대답은 단순합니다. 수학을 좋아하게 되면 당연히 실력이 오를 확률이 높겠지요.

그런데 수학을 좋아하지 않아도 의외로 잘하는 사람이 있습니다. 하지만 수학을 좋아하지 않으면 수학이 싫어졌을 때 실력도 금방 떨어집니다. 그래서 '수학을 좋아하게 만드는 것'을 목표로 정했습니다.

이 책에서는 주로 중학교 범위까지 다루는데, 그 이유는 다음과 같습니다.
초등학생이나 중학생들은 지금 수학을 잘하든 못하든 수학을 즐기지 않으면 얼마 못 가서 싫어질 것입니다.

성인들은 수학을 공부할 일이 없겠지만, **중학교 수학까지 제대로 알아두면 일상생활에서 숫자를 접하거나 계산할 때 허둥대는 일이 없을 것입니다.** 그리고 자녀를 둔 부모님들은 아이가 수학을 공부해야 할 중요한 시기에 도움을 줄 수 있습니다. 예를 들어 수학 공식이 어떻게 도출되는지를 질문했을 때, 잘 설명해주면 아이들은 부모를 존경하는 마음이 생길 것입니다.

우선 이 책을 가벼운 마음으로 읽어보세요. 다 읽고 나면 '의외로 수학이 재미있다'고 느낄 것입니다. 그것이 저에게는 가장 큰 보람입니다.

차례

시작하는 말   004

서문

왜 수학을 공부하는지 진정한 의미를 알고 편안하게 배우자   012

즐기면서 이해가 깊어지는 4가지 '마음'   016

'무기'의 확장을 느끼면서 중학 수학까지 단숨에 읽기   022

제1장 수의 길

한 걸음   '소수'와 '분수'의 특징과 구조를 안다   030

두 걸음   '비율'에 익숙해지면 물건을 살 때 조금도 망설이지 않는다   035

세 걸음   '음수'로 자신 있게 뺄셈을 할 수 있다   040

네 걸음   '마이너스 빼기'를 확실하게 할 수 있다   043

다섯 걸음   곱셈과 나눗셈에서도 음수를 쓴다   047

여섯 걸음   잴 수 있을 것 같은데 잴 수 없다? 제곱근의 의미를 알아둔다   052

일곱 걸음   수를 알고 이해하는 것이 수학의 모든 출발점이다   058

제2장 방정식의 길

한 걸음	방정식이란 '모르는 수'를 맞히는 것	066
두 걸음	방정식을 세우는 것과 푸는 것은 다르다	071
세 걸음	일차방정식은 천칭이 된 마음으로 푼다	075
네 걸음	방정식이 꼭 하나만은 아니다, 연립일차방정식의 발견	081
다섯 걸음	'모르는 수'가 하나면 좋겠다는 바람을 이루어주는 대입법	084
여섯 걸음	계수가 같으면 좋겠다는 바람을 이루어주는 가감법	089
일곱 걸음	강적 '이차방정식'을 공략하자	094
여덟 걸음	만능은 아니지만 강력한 인수분해를 시도해보자	103
아홉 걸음	일상에서도 쓸 수 있는 인수분해의 놀라운 기술	107
열 걸음	이차방정식의 완결, '근의 공식'을 내 것으로	111

제3장 함수와 그래프의 길

한 걸음	'함수'란 무엇인가? 그래프와의 관계를 알아보자	120
두 걸음	일차방정식은 직선, 식은 대부분 'y = ax + b'다	126
세 걸음	일차방정식을 그래프로 풀어보자	130
네 걸음	연립일차방정식도 그래프로 만들어서 풀어보자	134
다섯 걸음	강적 이차방정식도 그래프로 풀 수 있다	136

제4장 도형의 길

한 걸음	삼각형의 '합동'과 '닮은꼴'의 뜻을 생각하기	144
두 걸음	삼각형이 합동이 되는 조건을 유도하기	148
세 걸음	삼각형의 닮은꼴 조건은 합동을 기반으로	156
네 걸음	도형의 성질을 알면 수치를 알 수 있다	162
다섯 걸음	정사각형의 넓이로 모든 도형의 넓이를 구할 수 있다	170
여섯 걸음	삼각형의 넓이 공식의 증명과 다각형으로의 응용	174
일곱 걸음	원 넓이의 '한없이 올바른 설명'	178
여덟 걸음	마무리로 '피타고라스의 정리'를 증명하기	186
아홉 걸음	닮은꼴이면 비율로 겉넓이와 넓이를 알 수 있다	196

제5장 확률의 길

한 걸음	사람들은 어째서인지 '확률'을 오해하고 틀린다	204
두 걸음	'경우의 수'라는 말에 민감해지자	206
세 걸음	'수형도', 고민된다면 일단 그려보자	209
네 걸음	'그럴 경우는 몇 가지?' 의외로 심도 깊은 '경우의 수'	213
다섯 걸음	확률로 꿈을 재보는 '기댓값'	221
여섯 걸음	사실은 꽤 어려운 '조건부확률'	226

제6장 정수의 길

한 걸음   초등학교에서 배우는 나눗셈의 답의 종류는 2가지다   232

두 걸음   나머지가 없는 세계, 소인수분해, 공약수, 공배수   235

세 걸음   가장 오래된 알고리즘, '유클리드의 호제법'   240

네 걸음   프로그래밍에서 중요한 것 ① '정말 끝이 있나?'   244

다섯 걸음   프로그래밍에서 중요한 것 ② '계산은 적을수록 좋다'   248

여섯 걸음   정수의 답을 원하면 정수로 풀자   251

제7장 논리와 증명의 길

한 걸음   일상과 비즈니스에도 다양한 수학의 논리가 있다   260

두 걸음   '증명'은 옳다는 것을 설명하는 것   263

세 걸음   '반례'에 민감하면 증명이 맞는지 이해하는 데 도움된다   266

네 걸음   틀린 증명을 꿰뚫어보자   271

다섯 걸음   빈틈없는 '조건 분기'로 모든 경우의 수를 증명한다   274

여섯 걸음   잘 다루면 매우 유용한 무기 '역, 이, 대우'   277

일곱 걸음   '다른 세계'를 부정해서 증명한다, '귀류법'의 놀라움   282

맺음말   290

왜 수학을 공부하는지 진정한 의미를 알고 편안하게 배우자

즐기면서 이해가 깊어지는 4가지 '마음'

'무기'의 확장을 느끼면서 중학 수학까지 단숨에 읽기

서문

왜 수학을 공부하는지 진정한 의미를 알고 편안하게 배우자

'100점'만이 전부가 아니다!

초등학생과 중학생뿐 아니라 어른들도 생활하다 보면 수학과 관련해 종종 어려운 상황에 맞닥뜨릴 때가 있습니다. 예를 들면 다음과 같습니다.

· 계산을 잘 못한다.
· 점점 수업을 따라가기 힘들다.
· 지문이 긴 문제나 응용문제를 잘 풀지 못한다.
· 수학은 잘하는 편인데 흥미가 없다.
· 일상생활에는 문제없지만, 자녀가 질문하면 제대로 설명하지 못한다.

각자의 상황이 다르므로 모든 상황이나 수준에 맞춰 설명하기는 어렵습니다. 학교에서 배우는 모든 내용을 100% 이해할 정도로 설명하려면 상당히 많은 분량이 필요합니다. 그래서 시작부터 감히 이런 말씀을 드리겠습니다.

'이 책은 시험에서 100점을 맞기 위한 것이 아니다.'

최근에는 스포츠계에서도 이런 이야기가 계속 나오고 있습니다. '어릴 때 승리에 연연하지 않고 운동해야 한다. 경기를 즐길 줄 모르면 결국 흥미를 잃고 운동을 그만두게 된다.'

이것은 수학에도 딱 들어맞는 말입니다. 어릴 때, 즉 초등학생과 중학생들에게는 '승리'라든가 '100점'을 요구하지 말았으면 합니다. 운동을 즐기듯 수학을 본격적으로 즐기기를 바랍니다.

　이 책의 가장 큰 목표는 '수학을 좋아하게 만드는 것'이지만, 그보다 먼저 수학을 즐기는 습관을 들여야 합니다.

'왜 공부를 할까?'의 벽

　어떤 상황에서든 '왜 수학을 공부할까?'라는 의문이 한 번쯤 들 것입니다. 그것은 누구에게나 공통적인 고민이자 벽입니다. 수학이 어려워졌거나 흥미를 잃어버려 더 이상 수학을 즐길 수 없을 때 왜 수학을 공부해야 하는지 회의가 생깁니다.

　학교에서 치르는 시험이나 입시 문제에는 '정답'이 있습니다. 그리고 시험에서 좋은 성적을 올려야 하므로 시험문제를 얼마나 잘 푸는지가 중요합니다. 그런데 시험을 잘 치르기 위해 배운다면 '수학 문제가 나에게 무슨 의미가 있지? 퍼즐 같은 거잖아?'라는 생각이 들어 점점 더 수학을 왜 공부하는지 모르겠고, 급기야 '수학은 재미없다, 싫다'는 결론을 내립니다.

　지금 수학을 잘한다고 자부하는 사람들도 이런 의문에 빠지기 십상입니다. 2015년 일본 문부과학성이 발표한 '이공계 인재육성 전략'에 의하면, 일본 중학생의 수학 실력은 OECD(경제협력개발기구) 38개 회원국(2021년 현재) 중 2위로 상위권입니다. 세계적으로도 수학을 잘하는 편입니다.

　그러나 '수학에 대한 학습 의욕' 조사에서 일본의 순위는 평균 이하입니다. 일본 학생들은 **수학을 별로 좋아하지 않지만 잘하는 편**이라는 의미입니다. 그래서 일본의 많은 학생들은 고등학교에서 자신의 진로를 결정할 때 수학을 버립니다. **수학을 잘해도 '정답 맞히기'가 목적이다 보니 수학을 배우는 의미를 잃어버린다**는 뜻입니다.

수학을 배우는 진정한 의미란?

수학을 못하는 사람이나 잘하는 사람 모두에게 힘주어 말씀드립니다. 시험에서 100점을 맞기 위해 수학을 배우는 것이 아닙니다.

요즘 '집단 괴롭힘' 문제가 자주 화제에 오르고 있습니다. 모든 사람들이 '집단 괴롭힘이 일어나지 않기'를 바라지만, 이 난제는 좀처럼 사라지지 않습니다. 그렇다면 이 문제를 어떻게 해결할 수 있을까요?

초등학교 도덕 시간에는 그러한 상황에서 자신이 어떻게 해야 할지를 토론합니다. 혹은 '법률'로 해결할 수도 있고, 국가나 지자체가 설치한 소통 창구에 도움을 구하는 방법도 있습니다.

인도의 어떤 학생은 집단 괴롭힘 때문에 인터넷 게시판에 관심을 갖게 되었다고 합니다. 집단 괴롭힘과 관련된 글을 AI(인공지능)가 찾아주었고, 그렇게 해서 집단 괴롭힘을 당하지 않는 해결책을 찾아냈다고 합니다.

AI란 인간이 판단하는 것을 컴퓨터가 대신 하게 만드는 연구와 기술을 말합니다. AI를 활용하는 데 고등학교 수학이나 대학에서 전문적으로 배우는 수학 지식이 큰 도움이 됩니다.

집단 괴롭힘 문제뿐만 아니라 학생들이 사회에 나가면 여러 가지 어려운 문제에 맞닥뜨립니다. 세상을 살아가면서 어려운 문제에 부딪혔을 때, 인도의 학생처럼 수학에서 도움을 얻을 수 있다면 바로 그것이 수학을 배우는 진정한 의미입니다.

어쩌면 '정답'이 없을지도 모르는 문제와 마주하는 것이야말로 수학을 배우는 이유입니다. 100점이 아니어도 좋습니다. 수학을 바탕으로 뭔가를 생각할 수 있다는 것이 가장 중요합니다.

많은 사람들이 '수학은 단 하나의 정답을 찾기 위해 공부한다'고 생각합니다. 저는 '그렇지 않다!'고 힘주어 말씀드립니다. 정답만을 생각하면 수학에 재미를 잃을 게 뻔합니다. **수학을 즐기다 보면 도무지 '정답'이 없는 것처럼 보이는 다양한 '벽'을 뛰어넘을 수 있습니다.**

이 책을 손에 들고 있는 여러분은 이미 높은 학습 의욕을 갖고 있습니다. 수업에서 뒤처진 부분을 따라잡고 싶거나 수학을 더욱 잘하고 싶을 것입니다. 물론 시험에서 100점을 받는다면 금상첨화이겠지요.

인도의 학생처럼 어떤 목적을 위해 수학을 이용하려면 고도의 실력이 필요합니다. 이 책이 그러한 상황에서도 밑바탕이 될 수 있기를 바랍니다. 어쨌든 중학교까지는 수학을 그저 즐기시기 바랍니다. 그러다 수학에 대한 이해가 깊어진다면 더욱 좋겠지요. 이처럼 가벼운 마음으로 진행해봅니다.

즐기면서 이해가 깊어지는
4가지 '마음'

현실에서 도움이 되는 '마음'

먼저 이야기하고 싶은 것은 수학의 '마음'입니다. 국어도 아니고 수학과는 전혀 관계없는 단어가 뜬금없이 튀어나와 당황했을 겁니다. 하지만 상대를 이해하려면 먼저 상대의 '마음'부터 알아야 하지 않을까요? 원래 '신난다', '재미있다', '좋아한다' 등의 감정은 '마음'입니다. 그래서 **마음**에 대해 이야기하려고 합니다.

수학에는 주로 이런 '마음'이 있습니다.

① 현실의 문제에 도움되려는 마음　③ 문제를 논리적으로 해결하려는 마음
② 그것들이 응축된 공식과 정리의 마음　④ 수학을 즐기는 마음

①에 대해서는, 수학을 일상에서 유용하게 쓰겠다는 '마음가짐'으로 즐겼으면 합니다. 지문이 길고 이해하기 힘든 문제를 되도록 풀지 않으면서 즐기는 겁니다.

'이런 게 도움이 될까?', '나중에 써먹지도 못할 텐데 못해도 상관없지, 뭐'라는 말을 어른이나 선배들에게 한 번쯤 들어봤을 것입니다.

그러나 원래 수학은 무게나 길이를 계산하고, 형태가 복잡한 장소의 넓이를 구하는 것과 같이 일상생활의 과제나 의문점을 해결하기 위한 '무기'로 진화해왔습니다. 그래서 2천 년이라는 긴 세월 동안 인간은 수학을 필요로 했고,

학문으로 발전시켜온 것입니다. 현실의 문제를 해결해온 수학이 사회와 일상 생활에 도움이 안 될 리가 없습니다.

　고등학교 수학에서 '도움이 안 된다'고 한다면 어느 정도 이해됩니다. 수학의 단계가 높아질수록 일상과 멀어지기 마련이니까요(그렇다 해도 수학은 도움이 됩니다). 그러나 중학교 수학은 사뭇 다릅니다.

'무기'의 마음을 알면 이해도 깊어진다

　②에 대해서는, 중학교에서 배우는 '피타고라스의 정리'로 설명하겠습니다.

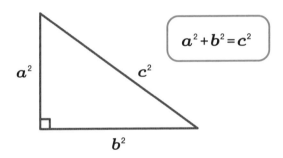

$$a^2 + b^2 = c^2$$

　이 공식은 직각삼각형의 세 변의 길이의 관계를 나타냅니다. 수학을 좋아하지 않는 사람에게는 그저 따분한 공식으로 보일 것입니다. 그러나 공식이나 정리는 인간이 오랜 세월 동안 수학을 연구해오면서 '도움되는 부분'을 응축시킨 필수적인 것, 즉 진수입니다. 위의 공식을 풀어보면 어떤 식으로(어떤 '마음'에서) 태어났는지, 어떻게(어떤 '마음'으로) 사용해야 하는지를 알 수 있습니다.

　피타고라스의 정리를 암기하기는 쉽지만, 이 공식을 즐기려면 그 '마음'을 알아야 합니다.

좀 더 넓은 관점에서 보면, 학교 교과서 자체가 '올바른 풀이법', '옳다고 인정된 사실(혹은 정의)'이라는 수많은 진수로 만들어졌습니다. 이 책에서는 이러한 것들을 모아서 '무기'라고 칭하고, 그 일부를 언급하면서 '마음'을 생각하고자 합니다.

'교과서의 표면만을 배우는 것이 아니라, 숨어 있는 '마음'까지 이해하면 더욱 강해지기' 때문입니다.

응용문제를 푸는 '마음'

③에 대해서는, 단순히 **문제를 풀 때의 '마음'**, 즉 **생각하는 방법**에 대한 이야기입니다. 어떤 문제든 풀고 나면 자신이 해냈다는 성취감이 들어서 수학이 재미있어질 것입니다. 어떤 '마음'으로 푸는지 알아가면서 풀이 과정을 즐겨보시기 바랍니다.

'원주율이 3.05보다 크다는 것을 증명하라.'
이것은 유명한 시험문제 중 하나로, 도쿄대학교 2차 시험문제입니다. 결코 풀지 못할 것 같은 이 문제도 다음과 같은 '마음'으로 생각하면 의외로 쉽게 풀립니다.

✦ **손을 움직여서 예시를 만들어본다.**
x, y, z를 구하는 문제라면 먼저 적당한 숫자를 대입해서 생각해본다.

✦ **작은 것을 먼저 생각해본다.**
100년 후를 묻는다면, 먼저 1년 후를 생각해본다.

✦ **극단적인 경우를 생각해본다.**

✦ **'이렇게 하면 좋겠다'처럼,
문제를 자신이 풀기 좋게 바꿔본다.** 비슷한 문제를 생각해본다.

그렇게 하면 해결의 실마리가 보입니다. 다음에는 자신이 가진 '무기', 즉 교과서에 나오는 '기초'를 가지고, 그것들을 어떻게 사용할지를 생각합니다. 이것이 '응용문제'를 푸는 방법입니다.

덧붙이자면, 이것은 중학교 때까지의 '무기'만 가지고도 충분히 잘 싸울 수 있습니다.

이쯤에서 '기초'와 '응용'에 대해 설명하겠습니다. '기초는 잘하는데 응용문제는 잘 못 풀어요!' 이런 말을 많이 들어봤을 것입니다. 기초는 중요합니다. 물론 기초를 쌓아야 응용문제를 잘 풀 수 있습니다. 그러나 한 걸음 더 다가가서 문제를 깊이 이해해야 합니다.

기초란 하나의 이야기입니다. 예를 들어 '다음 방정식을 푸시오', '다음 원의 면적을 구하시오'와 같은 문제는 교과서에 게재되어 있으므로 쉽게 풀 수 있습니다.

'그렇다면 응용이란 무엇인가?'라는 의문이 생길 것입니다. 엄밀하게 말하면 '기초를 이용하는 것'입니다. 그러나 이 말을 금방 이해할 수 없을 테니 '**응용문제란 무엇인가?**'로 바꿔보겠습니다. 이것은 '**여러 개의 기초를 이용하는 것**'을 말합니다. 이렇게 생각하니 조금 쉬워 보이지 않나요? 그러나 응용문제만 보면 '고도의 감각이 없으면 풀지 못할 것' 같은 강박관념에 사로잡히는 사람도 있습니다.

응용문제를 풀기 위해서는 '기초문제로 분해하고', '최종적으로 원하는 결론에 대해 기초를 잘 세워야' 합니다.

따라서 응용문제가 풀리지 않는 이유는 기초를 어떻게 사용해야 할지 잘 모르거나 논리적인 사고가 부족하기 때문입니다.

이러한 '마음'이나 생각하는 법은 현실에서 '정답이 없을지도 모르는 문제'를 생각할 때도 도움이 됩니다.

수학을 수학으로서 즐기시기 바랍니다

사실 ①~③까지는 '언젠가 도움될 테니 공부해야 한다!'는 의미이기도 합니다. '현실에서 도움된다니 재미있지 않나요?'라는 말을 들으면 조금 김새는 기분이 들 것입니다. 특히 초등학생, 중학생들은 더욱 그럴 것입니다.

그래서 ④에서는 좀 더 순수한 '마음'을 이야기하겠습니다. 수학의 '언어'가 숫자와 문자, 기호라고 해서 겁내지 말고 **수학을 수학으로 즐기라**는 뜻입니다.

쉬운 예를 들어보겠습니다. 처음에 피타고라스의 정리를 본 저의 생각은 '외우기 쉽겠다'가 아니라 '직각삼각형으로 어쩜 이렇게 간단한 식이 만들어졌지? 참 신기하다!'였습니다. 저를 괴짜라고 생각할지 모르겠지만, 심지어 피타고라스의 정리가 '아름답다'고 느껴질 정도였습니다.

이것은 수학이 인생에 도움된다는 말과는 조금 거리가 멀지만, **수학으로 이루어져 있다는 그 자체만으로도 재미와 흥미가 생깁니다.**

그래서 아무리 복잡한 계산이라도 암산으로 정확하게 문제를 풀고 나면 '오! 나도 대단한데', '문제를 푸는 방식이 깔끔했어'라고 스스로 기뻐하는 '마음'이 충만해져 덩달아 신이 날 것입니다.

당신이 '사진을 잘 찍고 싶다'면, SNS에서 자신의 사진에 '좋아요!'를 많이 받겠다고 생각하기보다 카메라에 흥미를 가지거나 사진 자체에 재미를 붙이는 쪽이 훨씬 실력이 빨리 향상될 것입니다.

이처럼 '도움된다'는 것과 '그 자체를 즐긴다'는 것, 이 2가지가 양립되어야 실력이 늘고, 이 책에서 목표로 하는 '좋아하게 되는 것'으로 이어집니다.

'무기'의 확장을 느끼면서
중학 수학까지 단숨에 읽기

'7개의 길'의 의미

4가지 '마음'에는 '7개의 길'이 있습니다.
이것들은 학교에서 배우는 '7가지 주제'로 구분한 것입니다.

① 수의 길   ② 방정식의 길   ③ 함수·그래프의 길   ④ 도형의 길
⑤ 확률의 길   ⑥ 정수의 길   ⑦ 논리·증명의 길

학교에서 배우는 수학은 어느 정도 학년별로 정해져 있어서 어제까지는 '수의 이야기'를 하다가 오늘은 '도형의 이야기'로 바뀌고, 순서가 왔다 갔다 합니다.

그러나 이 책에서는 '지금 배우는 내용이 다음에는 이렇게 바뀐다'고 확장시키는 방식입니다. 그렇게 하면 자신이 '할 수 있는 것들이 많아진다'는 것을 느낄 수 있습니다. 이와 같은 좋은 기억이 쌓이면 수학을 한층 더 즐기게 됩니다.

그러나 수학의 어느 부분에서 한 발짝 뒤처지면 그다음에는 어디로 가야 할지 점점 더 막막해집니다. 이것은 수학 과목의 특징이기도 합니다. 현재 수업에서 자신이 뒤처진다고 느끼는 사람은 바로 이런 경우입니다. 보통은 초등학교 4학년에서 미끄러지면 대략 중학교 3학년까지 5년 동안 수업을 따라가기 힘들어집니다. 당연히 수학이 싫어질 것입니다.

그러나 이런 상황에 처했을 때, 어느 부분부터 수학을 못하게 되었는지, 거기서부터 어디로 이어졌는지 등 얼마든지 자신을 객관적으로 확인할 수 있습니다.

이 책은 중학교 수학까지 100% 이해하는 것을 목표로 한 것은 아닙니다. 그러나 '길'을 따라 앞에서 배웠던 내용의 흐름을 잘 파악해두면 도움이 됩니다.

초등학생 때 읽고 싶었던 수학책

'길'을 따라 앞에서 배웠던 내용의 흐름을 파악한다'는 것은 꼭 수학에만 국한되는 이야기가 아닙니다. 제 공부법은 단순합니다. 바로 예습하는 것입니다. 저는 주로 교과서를 읽었습니다. 초등학생 때부터 중학생 때까지는 최대 4학년쯤 앞선 내용을 읽었습니다. 고등학교에 올라가서는 제가 좋아하는 수학 교과서를 1학년 때 한 권도 빠짐없이 사두었습니다.

저는 이것을 '예습력'이라고 말합니다. 다른 사람이 가르쳐줄 때까지 기다리지 말고 자기 스스로 선행 학습을 하는 것이 중요합니다.

선행 학습을 주로 하느라 복습을 별로 좋아하지 않았습니다. 그래서 학교 수업을 복습이라고 생각했습니다. 제가 좋아하지 않는 복습을 학교 수업에서 강제로 하겠다는 계획이었습니다.

수업 내용을 미리 알고 있다고 해서 수업 시간에 놀았던 것은 아닙니다. 수업을 소홀히 하지 않은 이유는 2가지입니다. 하나는 **선생님이 가르쳐주시는 내용이 제가 알고 있는 내용과 다른 경우가 있기 때문**입니다. 제가 예습한 방법과 전혀 다른 해법을 배울 수 있습니다.

또 하나의 이유는 선생님들은 일반적으로 **칠판에 쓸 수업 내용을 미리 준비**

하는데, 정리가 매우 잘되어 있어서 쓸모없는 내용까지 다 받아쓰지 않고 수업에 집중할 수 있기 때문입니다.

예습력이 중요하다는 점에서, 당신이 초등학교 6학년이고 아직 학교에서 배우지 않은 내용이 이 책에 나온다 해도 포기하지 말고 끝까지 읽어주시기 바랍니다. 학교처럼 **학년별로 수학 내용을 나누지 않는 책**이 바로 제가 '**초등학생 때 읽고 싶었던 수학책**'이었습니다.

게임처럼 '즐기는 법', 평생 가는 힘으로

저는 게임도 좋아합니다. 그리고 자주 합니다. 수학은 RPG(롤플레잉 게임)처럼 검이나 도끼 같은 새로운 무기를 손에 넣고, 그것들을 강하게 만드는 힘과 같습니다.

'길'의 첫걸음에 '곤봉'이 떨어져 있습니다. 당신이 그 곤봉을 집어 들었다면 매일매일 휘두르면서 연습해보세요. 옆으로 휘둘러도 보고 위아래로 휘둘러도 보고, 어떤 방향으로 휘둘러도 상관없습니다. 이것이 바로 기초 연습입니다. 그렇다면 이 무기를 가지고 적을 어떻게 쓰러뜨릴 것인가! 바로 그 무기의 사용법과 '마음'을 알아야 합니다.

다음 단계로 넘어가서 '철검'을 손에 넣었습니다. 더 강한 무기를 얻었으니 적도 더 많이 쓰러뜨릴 수 있습니다. 앞에서 곤봉을 연습할 때와 마찬가지로 반복적으로 연습해서 기초를 닦아 적을 쓰러뜨리는 법과 무기 사용법을 익혀나갑니다.

또다시 다른 '길'에서 '쇠도끼'를 얻었습니다. 이 무기의 사용법도 익혔다면, 앞에서 손에 쥔 '철검'을 함께 활용하여 더욱 강력한 무기로 만듭니다. 그렇게 되면 수많은 강적을 쓰러뜨릴 수 있습니다.

하지만 이 책에서 제가 전수해드릴 수 있는 '무기' 사용법에는 한계가 있습니다. 어느 날은 당신이 평소처럼 검을 썼는데도 적이 쓰러지지 않는 경우가 있을지도 모릅니다. 그러나 조금 생각을 바꿔보면, '이번 상대는 등에 약점이 있으니 뒤를 노려볼까?'라는 등, 자기 나름대로 공략할 방법이 떠오를 것입니다. 이것은 자신의 수학 능력이 '상승'했다는 뜻입니다.

다음 그림은 제가 직접 그린 간단한 수학 모험 이미지입니다.

수학의 세계에 흩어져 있는 '무기'를 획득하여, 여러 가지 사용법을 몸에 익히면 훨씬 더 큰 힘을 발휘합니다.

그렇게 되면 당신이 여행해온 '길'은 드디어 **뇌의 신경회로처럼 무수한 '옆길'로 펼쳐나갈 것입니다.** 그러한 힘을 갖추고 나면, 적수는 어느덧 눈앞에서 사라지고 없을 것입니다.

학생뿐 아니라 어른들도 마음만 먹으면 사회문제나 신규 사업 개발 등 다양한 상황을 수학으로 해결할 수 있습니다. **이러한 능력은 평생 동안 이어진다**고 단언합니다.

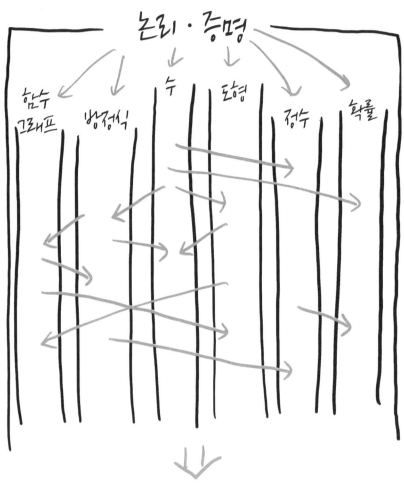

논리 · 증명

함수
그래프   방정식   수   도형   정수   확률

더욱 강력하고 다양한 길과 무기를 향해

한 걸음   '소수'와 '분수'의 특징과 구조를 안다   (초등학교)

두 걸음   '비율'에 익숙해지면 물건을 살 때 조금도 망설이지 않는다   (초등학교)

세 걸음   '음수'로 자신 있게 뺄셈을 할 수 있다   (중학교 1학년)

네 걸음   '마이너스 빼기'를 확실하게 할 수 있다   (중학교 1학년)

다섯 걸음   곱셈과 나눗셈에서도 음수를 쓴다   (중학교 1학년)

여섯 걸음   잴 수 있을 것 같은데 잴 수 없다? 제곱근의 의미를 알아둔다   (중학교 3학년)

일곱 걸음   수를 알고 이해하는 것이 수학의 모든 출발점이다   (중학교 3학년~고등학교)

제1장

수의 길

한 걸음 '소수'와 '분수'의 특징과 구조를 안다

초등학교

'소수'와 '분수'가 쓰이는 곳

처음 학교에서 배우는 수는 자연수입니다. 자연수란 1, 2, 3……처럼 개수나 차례를 세기 위한 수입니다. 그다음은 자연수를 사용한 사칙연산, 즉 덧셈, 뺄셈, 곱셈, 나눗셈을 배웁니다.

결론부터 말하자면, 자연수를 쓰는 사칙연산에서 뺄셈과 나눗셈을 할 수 없는 경우가 있습니다. 예를 들어 [2-5=?], [3÷9=?]와 같은 경우입니다.

그중 '어떻게든 [3÷9]를 수로 나타내고 싶다'는 '생각'에서 탄생한 것이 바로 '소수'와 '분수'입니다. 이처럼 '무기'는 진화하거나 폭이 넓어지기도 합니다.

그럼 소수와 분수를 사용해서 계산해볼까요?

> **소수로는** $3 \div 9 = 0.333333\cdots\cdots$
>
> **분수로는** $3 \div 9 = \dfrac{3}{9} = \dfrac{1}{3}$

그런데 소수에서는 3이 무한히 반복되므로 똑 나눠떨어지지 않습니다. 이를 무한소수라고 하죠. 소수의 나눗셈에서는 답이 곧바로 무한소수가 되기 쉽습니다.

왜냐하면 소수는 10단위로 나누어지기 때문입니다. 1의 10배가 10, 100배가 100이 되는 것과는 반대로, 1을 10으로 나눈 것이 0.1, 100으로 나눈 것이 0.01입니다. 그리고 0.1은 $\frac{1}{10}$, 0.01은 $\frac{1}{100}$이므로, 나누는 수([÷] 뒤의 수, 분모의 수)가 2와 5의 배수가 아니면 무한소수가 됩니다.

$$\frac{1}{20} = \frac{1}{2 \times 5 \times 2} = 0.05 \qquad \frac{1}{7} = 0.1428571\cdots\cdots$$

20은 2와 5를 곱한 수   7은 그렇지 않으므로 무한소수가 된다

그런데 '소수는 쓸 수 없는 것이 아니고', 어떻게 쓰느냐에 달려 있습니다. 예를 들어 329.20154라고 소수로 표시된 수는 '대략 329'라고 생각할 수 있습니다. 이 '대략'을 '근사(近似)'라고 합니다. **소수는 근삿값에는 적합하지만, 계산에는 그다지 적합하지 않습니다.**

또한 분수 $\frac{17}{144}$ 를 보면 곧바로 어떤 값인지 떠오르지 않겠지요. 그러나 **분수는 어떤 나눗셈도 할 수 있기 때문에 근삿값에는 적합하지 않지만, 정확한 계산을 할 때 적합합니다.**

수학에서 생각한 것들을 '공식화'하기

❓ 문제

A의 집에는 쌀이 3kg 있습니다.
A는 한 끼에 $\frac{4}{5}$홉의 쌀을 먹습니다.
앞으로 몇 끼를 더 먹을 수 있을까요? 단, 1홉은 150g입니다.

이 문제는 일정하지 않은 단위를 먼저 통일해야 합니다. 여기서는 '홉'으로 통일하겠습니다. '1홉은 150g'이므로 '3000(g)÷150(g)=20(홉)'입니다. A의 집에는 모두 20홉의 쌀이 있습니다.

단위를 통일했으니 이제 문제를 풀 차례입니다. '집에 있는 쌀로 몇 끼를 더 먹을 수 있을까?'와 같은 일상적인 문제를 여러분은 어떻게 해결하시나요?

어떤 문제라도 수학을 이용해서 생각해보세요. 이것이 바로 수학을 배우는 이유입니다. 그래서 '**수학을 이용**'한다는 것은 '**수식을 만든다**'는 뜻입니다(**엄밀하게 말하면 수식뿐 아니라 논리와 도형도 포함됩니다**). 조금 어려운 말로 '**공식화**'라고 합니다.

그럼 이 문제를 수식으로 만들어봅시다. 혹시 분수가 나와서 주저하시는 분이 있나요?

그럴 때는 **자신이 알기 쉽게 바꿔보는 것이 문제를 푸는 '마음'** 중 하나입니다. A가 한 끼에 4홉을 먹는다면 어떤 수식이 나올까요? '20(홉)÷4(홉)=5'이므로 '5끼 분량'임을 쉽게 생각해낼 수 있습니다.

그렇다면 '나눗셈을 이용하면 되는구나!'라고 판단할 수 있을 것입니다.

이것을 공식화하면 다음과 같습니다.

$$20 \div \frac{4}{5} = ?$$

뒤집어서 곱셈하는 이유는 무엇일까?

그런 다음 분수의 나눗셈을 계산하면 됩니다. 아마도 학교에서는 '뒤집어서 곱한다'는 방식을 배우고, 그것을 주문 외우듯 암기했을 것입니다. 하지만 이 책에서는 그런 방식이 나온 '마음'을 생각해야겠지요.

그렇다면 왜 뒤집어서 곱셈을 할까요?

여기서도 숫자를 바꿔서 생각해봅시다. A가 한 끼에 2홉을 먹는 사람이라면 '20(홉)÷2(홉)=$\frac{20}{2}$=10(끼)'입니다.

그 전에 A가 한 끼에 4홉을 먹는 경우를 생각했지만, 그 절반인 2홉만 먹었을 때의 답은 5끼의 2배가 되어 10끼를 먹을 수 있습니다.

그럼 문제의 $\frac{4}{5}$는 4를 5로 나눈 수입니다. 이것의 답이 5배라는 것을 보여줍니다. 즉, 아래와 같은 논리입니다.

나의 체크

$$20 \div 4 = \frac{20}{4} = 5$$

⬇ 2로 나누기　⬇ 답은 2배

$$20 \div 2 = \frac{20}{4} \times 2 = 10$$

$$20 \div 4 = \frac{20}{4} = 5$$

⬇ 5로 나누기　⬇ 답은 5배

$$20 \div \frac{4}{5} = \frac{20}{4} \times 5 = 25$$

역으로 곱셈한 것과 같습니다.

여기서 분수의 곱셈을 따로 설명하지는 않지만 $\frac{20}{4} \times 5$와 $20 \times \frac{5}{4}$는 같습니다. 그러므로 답은 25끼입니다. 이 쌀로 하루 세끼를 먹는다고 하면, 8일과 한 끼 분량이라는 것도 알 수 있습니다.

'뒤집어서 곱셈'하기에는 훨씬 단순한 방법도 있습니다.

'A가 한 끼에 1홉을 먹는다고 가정할 때, 20끼 분량'
➡ '한 끼에 2홉이면 10끼 분량이므로 답은 $\frac{1}{2}$ 배가 된다.'
➡ '한 끼에 $\frac{4}{5}$ 홉을 절약하면……답은 $\frac{5}{4}$ 배가 된다.'
➡ '$20 \div \frac{4}{5} = 20 \times \frac{5}{4}$ 라고 할 수 있다!'

이처럼 문제를 풀 때 자유자재로 숫자를 바꿔서 생각하면 여러 상황에서 다양하게 활용할 수 있습니다.

'하나의 단위'를 생각한다

일상생활에서 자주 쓰이는 수학의 '무기' 중 하나가 '비율'입니다. 특히 %(퍼센트), 즉 백분율이란 전체를 100으로 가정했을 때의 비율을 말합니다. 20%는 전체 100 중에서 20, 분수로 나타내면 $\frac{20}{100}$이고, 소수로 나타내면 0.2가 됩니다.

백분율이 자주 쓰이는 곳은 쇼핑입니다. '600엔짜리 물건을 20% 할인'한다면 얼마일까요? 저라면 이렇게 생각할 것입니다.

'정가 600엔짜리 물건을 20% 할인'

➡ 그렇다면 정가의 80%라는 말이군.

➡ 정가의 80%라는 말은 0.8배이므로

➡ '600×0.8=480'

➡ '480엔이다!'

이건 아주 간단합니다. 그렇다면 다음 문제는 어떨까요?

'자, 맛있는 딸기가 20% 할인해서 400엔!
내일까지 좋은 가격으로 모시겠습니다!' 시장에서 이런 말을 들었다고 합시다. 지금 당장 필요하지는 않지만 그 정도로 싸게 판다면 이득이니 사는 게 좋겠지요. 그렇다면 딸기의 원래 가격은 얼마였을까요?

조금 전과는 달리 이번에는 정가를 구하는 문제입니다.

'20% 할인해서 400엔!'이라는 말은 '상품을 0.8배 하면 400엔!'이라는 말로 바꿀 수 있습니다. 공식화한다는 뜻입니다.

$$\square \text{(상품)} \times 0.8 = 400 \quad \text{← 양변(=의 좌우)을 0.8로 나눈다.}$$

$$\square \text{(상품)} = 400 \div 0.8$$

'0.8÷0.8=1'이므로 좌변(=의 왼쪽)에는 '상품'만 남기고 400÷0.8을 계산하면 문제가 해결됩니다. 그렇다면 '상품'의 원래 가격은 500엔. 딸기는 100엔 싸게 팔고 있습니다. 이것이 이득인지 아닌지는 사는 사람의 지갑 사정에 달렸겠죠.

비율 문제에서 제가 권하는 방법은 '하나의 단위'를 생각하는 것입니다. 그러면 조금 복잡한 문제도 해결할 수 있습니다.

그렇다면 다음 문제를 어떻게 풀어야 할지 생각해보세요.

'정가의 21%가 1029엔인 상품의 정가는 얼마일까요?'

정가를 구하려면 100%가 얼마인지 생각해야 한다.

<u>21</u>%는 <u>1029</u>엔

⬇ 7로 나누기

<u>3</u>%는 <u>147</u>엔

⬇ 다시 3으로 나누기

<u>1</u>%는 <u>49</u>엔

⬇ 정가의 1%를 알았으니 여기에 100을 곱한다.

<u>100</u>%는 <u>4900</u>엔　⬅ 정가를 알았다!

'%'란 $\dfrac{1}{100}$을 하나의 단위로 나타낸 것입니다. 그러므로 1%를 알면 어떤 비율이라도 쉽게 알아낼 수 있습니다. 여기서는 알기 쉽게 차근차근 단계를 밟아 설명했지만, 곧바로 21을 나눠서 1%의 값을 구하는 방법도 있습니다.

'할(割)'도 마찬가지입니다. 이것은 $\dfrac{1}{10}$을 하나의 단위로 표현한 것입니다. 그럼 1할이 얼마인지 생각해봅시다.

정가의 8할(2할 할인)이 500엔인 상품의 정가는?

<u>8</u>할이 <u>500</u>엔

⬇ 1할을 구하기 위해 8로 나누기

<u>1</u>할은 $\dfrac{500}{8}$엔　⬅ 이것이 '1단위'

⬇ 10할을 구하기 위해 10배를 한다

<u>10</u>할은 $\dfrac{5000}{8}$엔 ＝625엔　⬅ 정가를 알아냈다!

'속도', '시간', '거리'의 관계도 암기에 의존하지 말 것

속도 = 거리 ÷ 시간
시간 = 거리 ÷ 속도
거리 = 속도 × 시간

이렇게 그림을 그려서 무작정 외우는 분들도 있겠지만, 이 관계를 사용하여 '마음'이 어떤지를 알아둘 필요가 있습니다.

먼저 단위로서 '속도'는 '[일정한 단위]의 시간 동안 얼마만큼의 거리를 이동하는지'를 나타낸 것이므로, 이 또한 시간과 거리의 비율에 대한 것입니다. 단위가 시속이면 1시간, 분속이면 1분, 초속이면 1초 동안 이동하는 거리입니다.

100km를 2시간에 달리는 차량의 속도는 100km를 2시간으로 나누면 1시간에 움직이는 거리가 50km임을 알 수 있으므로, 이 경우는 시속 50km (50km/h)가 됩니다.

❓ 문제

시속 48km로 달리는 차는 60km를 달리려면 몇 시간이 필요할까요?

이것은 '시간'을 구하는 문제입니다. 이때는 '빠를수록 시간이 덜 걸린다'는

것을 감각적으로 알아야 합니다.

60km를 시속 60km로 달리면 당연히 1시간 걸립니다. 2배의 속도인 시속 120km로 달리면 0.5시간(30분)이 걸리겠죠. 이 관계를 알면 성가신 숫자가 나오더라도 망설일 필요 없이 '거리를 속도로 나누면 시간을 구할 수 있다'는 것을 깨닫게 됩니다. 이것이 바로 문제를 공식화하는 것입니다.

$$60 \div 48 = \,?$$

이런 식이 어떻게 나왔는지 모르겠다면, '시속 60km보다 느린 시속 48km로 달리고 있으니 1시간 이상은 걸리겠지?'라고 생각했다면 '$\frac{48}{60}$ 일까 $\frac{60}{48}$ 일까'를 고민할 필요 없이 자신 있게 '60(km) ÷ 48(km/h) = $\frac{60}{48}$ = $\frac{5}{4}$ = 1.25(시간)'이라는 답을 얻을 수 있을 겁니다.

덧붙여 설명하자면, 몇 시간 몇 분이 걸리는지를 묻는 문제에서는 1.25라는 값을 다시 살펴볼 필요가 있습니다.

1.25시간은 1시간 + 0.25시간이고, 0.25시간은 $\frac{25}{100}$ 시간입니다. 이 분수를 약분(분모와 분자를 같은 수로 나누는 것)하면 $\frac{1}{4}$ 시간입니다. 여기까지 풀었으니 이제 답을 아시겠지요? 1시간의 $\frac{1}{4}$이므로 15분입니다. 그래서 1.25시간은 1시간 15분입니다.

이런 식의 기초 연습이 매우 중요합니다. 농구로 말하자면 드리블을 반복 연습하는 것과 같아서 결코 재미있지는 않습니다.

그러나 스포츠처럼 수학도 잘하고 싶다면 싫증 나지 않을 정도로 문제를 많이 풀어야 하고 선수들처럼 매일매일 연습에 힘을 쏟아야 합니다.

'음수'로 자신 있게 뺄셈을 할 수 있다

0보다 작은 수의 탄생

앞의 '한 걸음'에서 '자연수로는 뺄셈과 나눗셈을 못 하는 경우가 있다'고 설명했습니다. '나눗셈을 못 하는 문제'는 분수의 발명으로 해결되었습니다. 그럼 뺄셈은 어떨까요? 이것이 세 걸음에서 할 이야기입니다.

당신이 꼭 갖고 싶은 500엔짜리 책이 있다고 합시다. 그런데 이번 달 용돈을 몽땅 써버려 수중에 돈이 한 푼도 없습니다. 0엔입니다. 그래서 부모님께 다음 달 용돈을 가불해달라고 요청해서 미리 받았습니다. 그렇다면 지금 당신이 가진 액수는 얼마일까요?

'0엔!' 틀린 대답은 아니지만 아쉽게도 부모님께 돌려드려야 할 돈이 있으니 0원 이하입니다.

득점을 겨루는 게임에서는 '+1000점'이라는 득점과 '-300점'이라는 감점도 있습니다. 감점의 경우 0 아래로 내려간다면 어떻게 될까요?

이런 상황에서 사람들은 '[0]보다 작은 수가 **없으면 불편하다**'고 생각하기 시작했습니다. 그래서 '양수'에 대적할 '음수'라는 새로운 무기가 탄생했습니다.

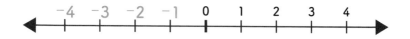

[0]보다 작은 수를 [−] 부호를 써서 표시했습니다. 이런 방식으로 당신이 가진 액수는 '−500엔'으로 표시할 수 있습니다. 일상에서 생긴 불편함을 음수로 해결한 것입니다.

이처럼 수학에서는 '**뺄셈이 불가능한 경우가 있으면 곤란하다**'는 난제가 있었습니다. 예를 들어 '2−5=?'와 같은 경우입니다.

하지만 음수라는 무기를 입수한 당신은 이제 답을 압니다. 그렇습니다. '−3'입니다.

결론부터 말하면 '**음수에 의해 뺄셈이 무조건 가능하게 되었다**'는 인식을 갖는 것이 중요합니다. '음수로 뺄셈이 무조건 가능하다'는 것을 학교에서 배웠는지는 모르지만, 제가 이렇게 알려드렸다고 해서 곧이곧대로 받아들여서는 안 됩니다. 그것은 공식을 외우기만 하는 것과 같습니다.

'양수끼리 뺄셈은 가능하겠지만, 음수를 쓰면 뺄셈이 정말로 무조건 가능하다고 말할 수 있을까?'

'뺄셈은 무조건 가능하다 해도, 덧셈, 곱셈, 나눗셈을 못 한다면 아무 소용 없지 않을까?'

이런 생각을 했다면 수학을 상당히 즐기고 있다는 뜻입니다. 당신은 이미 수학적인 센스가 있는 것입니다.

그래서 이제 [3−(−2)=?], [5×(−3)=?], [−6÷5=?]와 같은 난제가 나올 것입니다.

'네 걸음'과 '다섯 걸음'에서는 이 과제들에 대해 생각해보겠습니다.

수의 종류

여기까지 다룬 수의 종류는 자연수, 소수, 무한소수, 분수, 양수, 음수입니다. 일상에서 많이 쓰이는 수를 '실수'라고 합니다. 고등학교 수학에서는 실수가 아닌 수도 다루지만 여기서는 실수에 한정해서 이야기합니다.

우선 실수는 '유리수'와 '무리수'로 나뉩니다. '무리수'에 대해서는 먼저 '무한소수'의 일부가 들어간다고 합시다.

'유리수'는 '정수'와 '(정수가 아닌) 분수'로 나뉩니다.

분수는 (소수로 말하면) '유한소수'와 '순환소수'로 나뉘는데, 여기서는 설명을 생략하겠습니다.

정수는 '자연수'와 '0'과 '음수'로 나뉩니다. 여기서 자연수는 '양의 정수'라고 부르는 경우도 있습니다. 또한 자연수에 0을 포함하는 방식도 있지만 이 책에서는 다루지 않겠습니다.

✦ 양의 정수: 2, 45, 5332 등 / 양수: 5, 3.276, $\frac{5}{46}$ 등

✦ 음의 정수: −6, −802 등 / 음수: −22, −0.57, −$\frac{43}{11}$ 등

각각 이런 식으로 수를 표기합니다.

음수의 덧셈과 뺄셈은 정말로 '무조건 성립하는가'

'음수라는 무기를 손에 넣음으로써 뺄셈은 무조건 가능하다'는 것을 '세 걸음'에서 이야기했습니다. 교과서에서는 대부분 '성립된다'고 배웁니다.

그러나 '정말로 맞는지' 스스로 생각해보는 자세가 중요합니다. 한 번이라도 자기 힘으로 확인해보면, 더욱더 안심하고 활용할 수 있고 이해하기도 더 쉬우니까요.

먼저 음수의 덧셈이 무조건 가능하다(성립된다)는 것을 어느 정도 알게 되었을 것입니다. 예를 들어 '3＋(−2)＝1'이라는 수식에서 3엔에 −2엔을 더하는 것이므로 결국 차액을 말합니다. 답은 '1엔'입니다. 덧셈은 [+] 기호의 좌우를 바꿔도 같은 결과가 나오기 때문에 '−2＋3＝1'이라는 수식도 성립합니다.

그럼 뺄셈은 어떨까요? '−1−7＝−8'이라는 수식이 맞는 것 같죠? 1엔을 빌리고 거기에서 7엔을 더 빼면 −8엔입니다. 참으로 착한 은행입니다.

하지만 이런 수식은 다음과 같이 한 번 더 생각해볼 필요가 있습니다.

'3−(−2)＝?'

'-7이란 7엔을 빼는 것' ➡ '그러면 -2엔을 뺀다는 말은 -2엔이 없어진다는 뜻' ➡ '은행에 빌린 돈 2엔을 갚는 것과 같은 뜻이다!'

이런 '마음'을 이해하면 '3-(-2)=3+2=5'라는 수식도 이해할 것입니다. '[-]와 [-]를 더하면 [+]가 된다'라는 규칙을 기계적으로 외웠던 사람도 왜 그런지를 이해하고 넘어가시기 바랍니다.

위의 설명으로 이해하기 어렵다면 다른 방식도 있습니다.

$$3-\underline{2}=1 \implies 3-\underline{1}=2 \implies 3-\underline{0}=3$$
$$\implies 3-(\underline{-1})=4 \implies 3-(\underline{-2})=5$$

빼는 수([-] 뒤에 있는 수)가 1 줄어들면 답은 1 늘어난다?

이것은 아주 간단한 방식입니다. 아래와 같이 그림으로 표현하는 방식도 자주 쓰입니다.

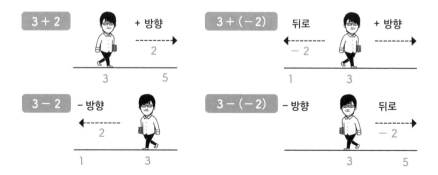

3-(-2)라는 것은 마이클 잭슨의 춤인 '문워크'와 같습니다. 말하자면 + 방향으로 뒷걸음질하는 것입니다.

성립하지 않는 경우를 확인한다는 의미

음수를 이해한 사람에게는 조금 지루한 이야기일 수 있습니다. 그럼 성립되지 않는 예를 하나 들어보겠습니다. 많은 분들이 싫어하는 '최대공약수'에 대한 이야기입니다.

'6과 8의 최대공약수는 무엇인가?' 음수와 상관없으니 풀이 방법을 따로 설명하지는 않겠지만, 양쪽을 둘 다 나눠서 떨어지는 최대의 수를 묻는 문제이고 답은 2입니다.

이미 배운 내용이라면 수업이나 시험문제를 떠올려보시기 바랍니다. 최대공약수는 **당연하다**는 듯 정수의 범위에 들어와 있습니다. 그렇다면 '소수와 분수의 최대공약수'에 대해 생각해본 적이 있나요?

나의 체크

○와 □의 최대공약수란

$$○ \div △ = ☆ \qquad □ \div △ = ♡ \qquad ← △의 최대치가 최대공약수$$

그렇다면 ○와 □가 분수라면……?

$$\frac{1}{2} \div 1000 = \frac{1}{2000} \qquad \frac{1}{3} \div 1000 = \frac{1}{3000}$$

△와 무한히 존재하므로 소수와 분수의 최대공약수는 없다.

최대공약수라는 개념은 △, ☆, ♡ 모두 정수가 아니면 성립되지 않기 때문에 당연하다는 듯 정수의 문제로 나오는 것입니다. 그러나 이 과정을 직접 도출한 사람은 별로 많지 않을 것입니다.

이와 같이 **불가능한 패턴을 알아두면, 공식이 성립하지 않는 것을 억지로 만드는 실수를 하지 않을 것입니다.** 공식이 성립할 것이라 생각하고 자신이 알고 있는 대로 공식을 만든 적은 없었는지요.

'서장'에서 다룬 피타고라스의 정리 $a^2 + b^2 = c^2$ 는 평면상의 직각삼각형일 경우에는 성립하지만 둥그런 구면상으로는 성립하지 않습니다. 이처럼 불가능한 패턴을 무시하고 문제를 풀면 틀린 답이 나올 수밖에 없습니다.

우리가 손에 넣은 '무기'의 사용법을 정확히 알고 하나씩 자신의 것으로 만들어나가는 것이 중요합니다.

'마이너스 곱하기'의 검증

이번에는 앞의 '네 걸음'에서 이어지는 내용입니다. 음수로도 곱셈과 나눗셈이 성립하는지 검증해봅시다. 덧셈과 뺄셈만 가능하다면 '무기'로서 위력이 약하니까요.

우선 '$-5 \times 2 = -10$'을 살펴봅시다. 그다지 어려운 식은 아닙니다. 5엔을 빌렸고, 그것이 2배라는 뜻입니다.

하지만 '$5 \times (-2) = ?$'는 어떨까요? '5가 마이너스 2배라니, 이게 무슨 뜻이지?'라고 생각할 것입니다.

---

❶ '숫자의 위치를 바꿔도 똑같다'는 것을 이해하기

양수의 곱셈에서는 '3×5'와 '5×3'의 답이 똑같이 '15'

그렇다면 '$5 \times (-2)$'와 '$(-2) \times 5$'도 똑같은 '-10'인지 생각해보기

❷ 정합성의 이해

$$5 \times 2 = 10 \quad \Rightarrow \quad 5 \times 1 = 5 \quad \Rightarrow \quad 5 \times 0 = 0$$

곱하는 수(× 뒤의 수)가 하나 줄어들면

그 답도 5만큼 줄어들기 때문에

$$5 \times (-1) = -5 \quad \Rightarrow \quad 5 \times (-2) = -10$$

이렇게 된다는 것을 생각해보기

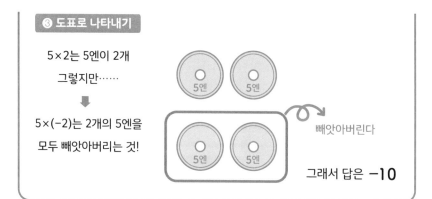

5×2는 5엔이 2개
그렇지만……

5×(-2)는 2개의 5엔을
모두 빼앗아버리는 것!

빼앗아버린다

그래서 답은 **-10**

여기까지 이해했다면 다음 식은 '-5×(-2)=?'입니다. 이 경우는 양쪽이 모두 음수이기 때문에 좌우를 바꿔 넣을 수 없습니다.

❶ 정합성의 이해

$$-5 \times 2 = -10 \ \Rightarrow \ -5 \times 1 = -5 \ \Rightarrow \ -5 \times 0 = 0$$
$$\Rightarrow \ -5 \times (-1) = 5 \ \Rightarrow \ -5 \times (-2) = 10$$

곱하는 수가 1 줄어들면 답은 5 증가

❷ '빼앗아버리는' 이론

5×(-2)는 5엔 2개를
빼앗아버린다는 뜻인데

-5×(-2)라면 빌린
5엔짜리 동전 2개가
모두 없던 것이 된다!

빼앗아버린다

(빌린 돈이 없어졌으니)
10엔을 이득

-2를 (0-2)로 생각해서
'분배법칙'을 사용한다.

$-5 \times (0-2) =$

$-5 \times 0 - (-5) \times 2$

⬇ 곱셈을 먼저 계산한다.

$= 0 - (-10) = 10$

> 분배법칙이란 $a \times (b+c) = a \times b + a \times c$
>
> 이 책에서 자세히 다루지는 않지만 자주 쓰이는 법칙이므로 아직 학교에서 배우지 않은 사람은 직접 찾아보시기 바랍니다. 또한 '×'는 생략할 수 있으므로 '$a(b+c) = ab + ac$'라고 나타내는 경우도 있습니다. 이후로는 이 책에서도 생략할 수 있습니다.

곱셈과 나눗셈의 관계성

단순한 계산부터 수식을 이용한 설명까지 여러 가지를 살펴보았는데, 교과서에 나온 대로 '음수가 들어가도 곱셈은 가능하다'는 것을 알게 되었습니다. 조금 자신감이 생기나요?

다음은 나눗셈에 대해 이야기하겠습니다. '한 걸음'에서 '분수의 나눗셈은 왜 뒤집어서 곱할까?'를 생각했을 때, 나눗셈과 곱셈 사이의 밀접한 관계가 떠오를 것입니다.

쉽게 설명하면 '$\div \frac{4}{5}$'는 '$\times \frac{5}{4}$'였던 것처럼, '$\div 2$'는 '$\times \frac{1}{2}$'이고, '$\div \frac{1}{3}$'는 '$\times 3$'과 같습니다. '곱셈이 성립하면 나눗셈 또한 성립한다'는 말이 떠오를 것입니다.

이 관계를 바꿔 말하면 '$6 \div (-2) = ?$'라는 음수가 들어간 나눗셈이 성립한다는 것은 -2를 곱하면 6이 되는 수를 찾는 것과 같습니다.

조금 어리둥절한가요? 수식으로 설명하면 '$\square \times (-2) = 6$'에서 □에 해당하는 수를 생각하는 것과 같습니다.

그리고 음수의 곱셈을 배웠으니, 답이 '-3'이 나오는 계산법을 알 것입니다. 이 곱셈이 성립한다면 음수의 나눗셈도 '÷(-2)'를 뒤집어서 '×($-\frac{1}{2}$)'과 같은 식으로 만들 수 있고, 그럴 경우 '6÷(-2)=?'은 '6×($-\frac{1}{2}$)=-3'으로 계산할 수 있습니다.

이런 방식으로 **나누어지는 수('÷' 앞에 있는 숫자)**가 음수의 범위에서도 성립하는지 살펴봅시다.

'-6÷2=?'는 '2를 곱해서 -6이 되는 수를 찾는 식'이므로 답은 '-3'입니다.

'-6÷(-2)=?'는 '-2를 곱해서 -6이 되는 수를 찾는 식'이므로 답은 '3'입니다.

맞는 답이 딱 하나여서 나누어지는 수가 음수인 나눗셈도 성립합니다.

학교에서 배우는 당연한 계산을 왜 굳이 검증할까 하는 의문이 생길 것입니다. **설명할 수 있어야만 배운 것을 이용하여 자기 스스로 다양한 문제를 풀 수 있기 때문입니다.**

수학은 실력을 차곡차곡 쌓아나가야 하는데, 결국 지금 배우는 것이 앞으로 맞닥뜨릴 문제를 푸는 데 이용됩니다. 구체적으로는 음수로 사칙연산이 된다는 것을 확인했습니다. 이 책에서도 나중에 다루는 내용이지만 일차방정식인 '-2x=-10'이라는 문제를 풀 수 있다는 것도 확인한 셈입니다.

왜 '0으로' 나누지 못할까?

'○÷□=?'은 '□을 곱해서 ○가 되는 수를 생각하는 식'이라고 알려드렸습니다. 이 곱셈과 나눗셈의 관계에서 볼 때 '0'으로 나눈다는 것이 무슨 뜻인지 알 수 있습니다.

$$6 \div 0 = ☆$$

⬇ 0을 곱하면 6이 되는 수를 생각한다.

$$☆ \times 0 = 6$$

적당히 식을 만들 수는 있지만 ☆에 해당하는 수는 존재하지 않습니다. 0을 곱하면 모든 수가 0이 되므로 당연히 6이 될 수 없기 때문입니다. 나누는 수가 무엇이든 절대 성립하지 않으므로 0으로 나눠지지 않습니다.

그렇다면 0을 0으로 나누면 어떻게 될까요?

$$0 \div 0 = ♡$$

⬇ 0을 곱하면 0이 되는 수를 생각해보자.

$$♡ \times 0 = 0$$

이번에는 답이 '없음'이 아니라 ♡에 해당하는 수는 '뭐든지' 됩니다. 어떤 숫자라도 0을 곱하면 모두 0이 되기 때문입니다. 즉, '0÷0=?'의 답은 '모든 수'가 되므로, 이 것은 이것대로 말이 안 됩니다.

그러므로 어떤 수라도 '0'으로는 나눌 수 없습니다.

잴 수 있을 것 같은데 잴 수 없다? 제곱근의 의미를 알아둔다

여섯 걸음

중학교 3학년

분수의 '사이'를 찾기

자연수, 분수, 음수라는 무기를 손에 넣은 여러분은 모든 사칙연산을 할 수 있게 되었으니 이제 일상생활에서 불편하지 않습니다.

그러나 숫자는 계속 진화합니다. 다음은 중학교 3학년에서 배우는 $\sqrt{\ }$ (루트)를 사용해서 표현하는 '제곱근'입니다.

수로 이어진 선을 '수직선'이라고 합니다.(40쪽 참고) 수는 크고 작은 것이 있으므로 직선상으로 늘어놓고 비교할 수 있습니다.

2보다 크고 3보다 작은 수는 무엇일까요? 소수라면 2.5, 2.75와 같이 직선상에 많이 있습니다.

그렇다면 2보다 크고 2.5보다 작은 수는 무엇일까요? 이것도 2.25, 2.4782367…… 등 얼마든지 대답할 수 있습니다.

분수로도 같은 방식으로 대답할 수 있습니다.

① $\frac{1}{3}$ 보다 크고 $\frac{2}{3}$ 보다 작은 수는?

② $\frac{293}{325}$ 보다 크고 $\frac{294}{325}$ 보다 작은 수는?

①은 머릿속으로 둥그런 피자를 떠올려보고 '$\frac{1}{3}$은 절반보다 작고 $\frac{2}{3}$는 절반보다 크니까 둥그런 피자의 절반은 $\frac{1}{2}$에 해당하는구나'라고 대답할 수 있습니다.

그렇다면 ②는 어떨까요? 즉시 답할 수는 없겠지만 '이렇게 복잡한 분수 사이에도 숫자는 있지 않을까'라고 상상할 수는 있겠지요.

사실은 이 문제를 간단히 풀 수 있는 방법이 있습니다.

나의 체크

$\frac{293}{325}$ 보다 크고 $\frac{294}{325}$ 보다 작은 수는?

⬇ 각각의 분모와 분자를 10배로 올린다.

$\frac{2930}{3250}$ 보다 크고 $\frac{2940}{3250}$ 보다 작은 수는?

이렇게 하면 이해하기 빠를 것입니다. ②의 답 중에서 $\frac{2935}{3250}$가 해당됩니다. 어떻게 이 답을 찾았을까요. 그것은 **약분을 반대로 계산했을 뿐**입니다.

덧붙이자면 분모와 분자를 각각 10배 올렸다고 해서 그 분수의 값이 바뀌지 않습니다. $\frac{1}{2}$과 $\frac{10}{20}$이 같은 크기라는 것은 알고 있을 것입니다. 그러므로 $\frac{2935}{3250}$는 분모가 달라도 ②의 답입니다.

①도 같은 방식으로 풀 수 있습니다. 두 분수의 분모가 달라도 괜찮습니다. 그 경우는 먼저 '통분(분모를 같은 수로 통일하는 것)'을 합니다.

예를 들면 '$\frac{1}{2}$보다 크고 $\frac{2}{3}$보다 작은 수는?'이라는 두 분수를 통분하면 '$\frac{3}{6}$보다 크고 $\frac{4}{6}$보다 작다'가 됩니다. 분모 2에는 3을 곱하고, 분모 3에는 2를 곱하면 6이 되므로 각각의 분자에도 같은 수를 곱하면 됩니다.

그리고 분모와 분자를 10배 올리면 '$\frac{30}{60}$보다 크고 $\frac{40}{60}$보다 작은 수'가 됩니다. 이렇게 하면 금방 알 수 있겠죠? 두 분수 사이에 있는 $\frac{35}{60}$는 답 중 하나이므로 이를 약분해서 $\frac{7}{12}$이라는 답을 찾을 수 있습니다.

이렇게 보니 마치 두뇌 훈련 같은데, 이런 방식으로 생각해나가면 '**분수 사이에 있는 수의 개수는 무한하다**'는 중요한 사실을 발견했을 것입니다.

앞에서 보았던 수직선을 생각해봅시다. 수직선이란 연속된 수많은 점들의 집합입니다. 그러므로 수직선상에서 어떤 수를 뽑더라도 그 수 사이에는 무한한 점이 있습니다. 이것은 곧 **분수와 분수의 사이에도 무한한 분수가 있다**는 뜻입니다.

분수로 표현할 수 없는 수와의 만남

? 문제

모든 변이 1m인 정사각형이 있습니다.
이 정사각형의 대각선 길이는 몇 m일까요?

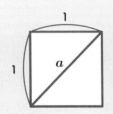

대각선(다각형의 각자 다른 꼭짓점을 잇는 선)의 길이를 a라고 합시다. 피타고라스의 정리를 이용하면 간단한 식을 만들 수 있지만 여기서 제시한 방법으로 생각해봅시다.

먼저 가로세로가 2배인 정사각형 모양을 생각해보세요.

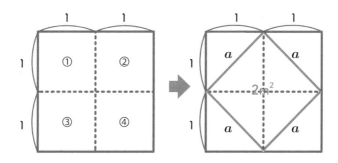

사각형 넓이는 '가로 길이×세로 길이'로 구할 수 있습니다.(자세한 내용은 '도형의 길' 참고) 왼쪽 그림과 같이 각 변이 2m인 정사각형의 면적은 '(2m)×2(m)=4(m²)'입니다. 문제에서 말하는 각 변이 1m인 정사각형이 4개 모여 있습니다.

다음으로 오른쪽 그림과 같이 선을 그어 대각선 a를 한 변으로 하는 정사각형을 생각해보세요. 이 도형은 각 변이 1m인 정사각형의 절반 크기 4개분이므로, 넓이는 4m²의 반인 2m²가 된다는 사실을 알 수 있습니다.

이를 공식화하면 다음과 같습니다.

$$a\,(\mathrm{m}) \times a\,(\mathrm{m}) = 2\,(\mathrm{m^2})$$

이것은 '같은 수를 곱해서 2가 되는 수는 무엇일까요?'라는 의미입니다. 언뜻 쉬워 보이지만, 실제로 풀어보면 지금까지 입수한 '무기'를 총동원해도 문제를 풀 수 없을 것입니다. 자연수의 곱셈을 '구구단'으로 외워서 알고 있지만, 여기서는 아무리 찾아봐도 없지 않나요?

그렇다면 자연수 말고 분수나 음수라면 어떨까요? 아무리 그럴듯한 숫자를 대입해도 맞지 않을 것입니다.

하지만 '**명확하게 대각선 a의 길이는 있을 것이고, 이 수치를 잴 수도 있을 텐데 숫자로 나타내지 못한다면 곤란하다**'라는 '마음'이 있습니다. 지금까지 그래 왔던 것처럼 곤란하다면 생각을 넓힐 수밖에 없습니다.

그리하여 숫자의 세계에는 제곱근이 태어났습니다. 2번 곱해서 x가 되는 제곱근을 $\sqrt{x}$ 라고 나타냅니다.

그래서 우리가 풀어야 할 문제의 답은 '$a = \sqrt{2}$ (m)'입니다.

이것은 앞에서도 보았듯이 숫자와 숫자 사이에 있는 무한한 숫자들 중 **분수로 나타낼 수 없지만 수직선상에 있는 수**입니다.

'$a \times a = 2$'는 '$a = \pm\sqrt{2}$'   '$a \times a = 3$'은 '$a = \pm\sqrt{3}$'

'$a \times a = 4$'는 '$a = \pm\sqrt{4}$'?   '$a \times a = 5$'는 '$a = \pm\sqrt{5}$'

여기서 주의할 점은 음수끼리 곱셈은 양수가 되므로 길이를 구하는 경우는 별개로 하고(0보다 짧은 길이는 없으니), 원래 a의 값은 ±, 즉 양수와 음수 2가지 다 있습니다.

또 하나 이 중 '$a = \pm\sqrt{4}$'는 제곱근을 쓰지 않아도 됩니다. 2이든 −2이든 제곱하면 4가 되므로 무리하게 제곱근 기호를 쓸 필요 없고, 오히려 '$a = \pm 2$'로 나타내는 것이 알기 쉽습니다.

제곱이란?

제곱근의 '제곱'은 수학에서 '같은 수를 2번 곱하는 것'을 의미합니다. 이것을 '2승 한다'라고도 말합니다.

3번 곱하는 것은 '세제곱'이라고 하며, 세제곱근은 $\sqrt[3]{}$ 으로 표시합니다. 4번 곱하는 것도 마찬가지입니다.

그리고 제곱은 a^2, 세제곱은 a^3라고 쓸 수 있습니다.

따라서 '$a \times a$'와 'a^2'은 모두 a를 2번 곱한 것을 나타냅니다.

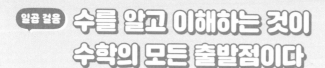

'무리수'는 어떤 수일까?

'여섯 걸음'에서는 수직선상에 존재하면서도 분수로 표현할 수 없는 새로운 '무기'인 제곱근에 대해 이야기했습니다.

그리고 '$a \times a = 2$'에 대해 생각하면서 '아무리 그럴듯한 숫자를 넣어도'라고 했는데, 이것을 실제로 해보면서 '제곱근'이 어떤 숫자인지 더 자세히 이해하기 바랍니다.

$\sqrt{2}$ 를 생각해봅시다. 이 수는 2번 곱하면 2가 되는 수입니다. 그래서 '$1 \times 1 = 1$', '$2 \times 2 = 4$'라는 2가지 식들을 보면 '$\sqrt{2}$'는 1과 2 사이에 있음을 예상할 수 있습니다.

1과 2 사이인 1.5를 2번 곱하면 '$1.5 \times 1.5 = 2.25$'이므로 2보다 큽니다. 그렇다면 1.5보다 작은 수인 1.4는 어떨까요? '$1.4 \times 1.4 = 1.96$'입니다. 2보다 작으므로 $\sqrt{2}$ 는 1.4와 1.5 사이에 있을 겁니다. 1.4를 2번 곱한 수는 1.5를 2번 곱한 수보다 2에 더 가까우므로 조금만 더 늘려봅시다.

그래서 '$1.41 \times 1.41 = ?$'의 답은 1.9881이므로 거의 2에 근접했다고 할 수 있습니다. 하지만 2는 아닙니다. 결론을 말하자면 이런 방식으로 쭉 찾아봐도 2가 되는 수는 없고 무한히 이어집니다.

$$\sqrt{2} = 1.41421356\cdots\cdots \qquad \sqrt{3} = 1.73205080\cdots\cdots$$

소수점 이하의 자릿수가 무한히 이어진다는 것은 분수로 나타낼 방법이 없다는 것입니다. 그래서 제곱근은 분수로 표현할 수 없다는 뜻입니다. 이 상황이 끈질기게 이어지지만 1.414……라는 숫자는 1과 2 사이에 있으므로 확실하게 수직선상에 존재합니다.

지금부터 말씀드릴 이야기는 42쪽 수학 칼럼에서 조금 다루었습니다. 실수는 유리수와 무리수로 나뉩니다. 무리수에는 무한소수가 일부 포함된다고 했습니다. 그 일부가 바로 $\sqrt{2}$ 와 $\sqrt{3}$ 과 같은 숫자입니다.

이 무한소수의 일부란 '순환하지 않는 소수'라는 어려운 표현이 있습니다. $\sqrt{2}$ 와 $\sqrt{3}$ 을 보고 알 수 있듯이, 소수점 이하의 자릿수는 규칙 없이 무한히 이어집니다.

또한 유리수 속의 분수는 유한소수와 순환소수로 구분된다고 했습니다. 유한소수는 문자 그대로 무한히 이어지지 않는 소수를 말합니다. 예를 들어 유한소수인 0.05는 $\frac{5}{100} = \frac{1}{20}$ 처럼 분수로 표현할 수 있습니다.

순환소수는 성가신 이야기이지만 쉽게 말해 순환하지 않는 소수와 달리 순환하는 소수입니다. 예를 들어 30쪽에서 다룬 '3÷9 = 0.333333……'의 0.333333……, 혹은 1.5423423423……의 '423'처럼 무한히 이어지는 소수를 말합니다. 규칙은 있지만 순환소수도 무한소수입니다.

무한소수는 분수로 표현할 수 없다고 한다면, 이 또한 무리수가 아닌가 하는 의문이 생길 것입니다. 이것이 또 성가신 부분입니다. 이 책의 취지와 거리가 먼 이야기라 결론만 말하면, 순환소수는 분수로 표현할 수 있으므로 유리수로 분류됩니다. 더욱 자세한 설명은 인터넷을 검색하면 훌륭한 설명이 수없이 많으니 궁금하면 꼭 확인하기 바랍니다.

수의 개념 확장을 복습하기

원래는 새로운 '무기'를 입수한 시점에서 이것으로 사칙연산이 성립되는지 검증해야 하지만 이 책에서는 그렇게 하지 않겠습니다. 천재적인 발상을 도입한 재밌는 이야기이긴 하지만, 이과 대학에서나 배울 수 있는 고도의 수준이므로 여기에서 모두 설명하기 부족합니다.

'수의 길'을 통해 전하고 싶은 이야기는 2가지입니다.

나의 체크

① 새로운 수는 함부로 만들어지지 않았고 필요에 의해 만들어졌다.
② 새로운 수는 새로운 성질과 규칙이 있다.

---

②의 내용은 보통 학교에서 배웁니다. 하지만 때로는 이를 그대로 받아들이지 말고, 스스로 확인하는 것이 중요합니다. 앞에서 음수를 다룰 때 그 방법을 체험해보았습니다.

마지막으로 다시 한 번 수의 개념이 어떻게 확장되었는지 복습해봅시다.
먼저 초등학교에서 '자연수', '0', '소수', '분수'를 배웁니다.

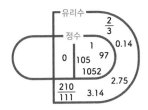

　그리고 중학교에서 '음수'를 배움으로써 왼쪽이 늘어나고, 여기에 제곱근이
라는 무리수를 입수하여 점점 넓어집니다.

　초등학교에서 문제가 나올 때마다 '3.14로 한다'고 배우는 '원주율'도 사실
순환하지 않는 무한소수이므로 무리수입니다. 중학교 수학에서는 계산이 복
잡해지므로 원주율을 π(파이)라고 합니다.

　무리수는 얼마든지 만들어낼 수 있습니다. 그중 제곱근이나 원주율은 무리
수의 대표 격이죠.

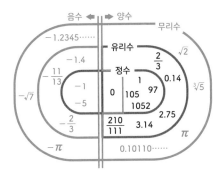

　이 그림에 있는 모든 수는 수직선에 존재하는 '실수'라고 합니다.

　그리고 고등학교 수학에서는 상위 개념이 하나 더 생깁니다. 바로 '복소수'
입니다.

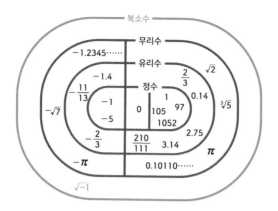

복소수는 실수와 실수가 아닌 '허수'를 포함하는 모든 수를 말합니다. 허수는 실수에 포함되지 않습니다. 실수에서 양수와 양수를 곱하면 양수이고, 음수와 음수를 곱해도 양수가 나옵니다. 하지만 **허수란 2번 곱해서 음수가 되는 수입니다.**

허수는 실수가 아닌, 즉 1차원인 수직선에는 존재하지 않지만 2차원에서 실체가 드러나는 수입니다.

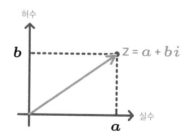

복소수에는 정말 좋은 성질이 있습니다. 이 내용은 대학생이 되면 실감할 수 있습니다. 구체적으로 알고 싶다면 고등학교 수학을 예습하기 바랍니다.

음수까지 다룰 수 있으면 일상생활에서 대강 만족할 수 있습니다. 그리고 복소수까지 자신의 '무기'로 삼는다면 수학 능력으로 당신의 인생을 열어나갈 수 있습니다.

수학에서는 수를 언어로 보는 시각이 있습니다. 맞는 말입니다. 수의 성질을 이해하고 올바른 규칙에 따라 이용하면 문장을 만들 수 있습니다. 즉, 계산할 수 있다는 말이지요.

성질과 규칙이 복잡해서 포기하고 싶은 마음은 이해합니다. 하지만 반대로 **성질과 규칙이 생긴 '마음'과 재미를 알고, 포기하고 싶은 마음을 극복한다면 수학만큼 단순한 언어도 없습니다.**

예를 들어 55쪽에서 다룬 문제를 보고 '$a \times a = a^2 = 2$'로 공식화했다면 더할 나위 없이 훌륭합니다. **공식화할 수 있는데도 풀지 못하는 문제는 수학뿐만 아니라 세상에 많이 있습니다.**

그저 그때의 당신은 제곱근이라는 '언어'를 몰랐을 뿐입니다. 알았다면 당신의 나이와 상관없이 순식간에 풀 수 있는 문제입니다.

수의 개념을 몰라도 공식화할 수 있습니다. 개념을 알수록 할 수 있는 것들이 늘어납니다.

그러므로 먼저 수를 이해하는 것이야말로 앞으로 나아갈 또 다른 '길'에서 큰 도움이 될 겁니다.

한 걸음	방정식이란 '모르는 수'를 맞히는 것	(초등학교~중학교 1학년)
두 걸음	방정식을 세우는 것과 푸는 것은 다르다	(중학교 1학년, 고등학교)
세 걸음	일차방정식은 천칭이 된 마음으로 푼다	(중학교 1학년)
네 걸음	방정식이 꼭 하나만은 아니다, 연립일차방정식의 발견	(초등학교~중학교 2학년)
다섯 걸음	'모르는 수'가 하나면 좋겠다는 바람을 이루어주는 대입법	(중학교 2학년)
여섯 걸음	계수가 같으면 좋겠다는 바람을 이루어주는 가감법	(중학교 2학년)
일곱 걸음	강적 '이차방정식'을 공략하자	(중학교 3학년)
여덟 걸음	만능은 아니지만 강력한 인수분해를 시도해보자	(중학교 3학년)
아홉 걸음	일상에서도 쓸 수 있는 인수분해의 놀라운 기술	(중학교 3학년)
열 걸음	이차방정식의 완결, '근의 공식'을 내 것으로	(중학교 3학년)

제2장

방정식의 길

방정식이란 '모르는 수'를 맞히는 것

현실적으로 '모르는 수'란?

사실 더 쉬운 방정식의 이야기를 앞에서 이미 했습니다. '□×0.8 = 400'(36쪽), '□×(−2)=6'(49쪽)입니다. 아직 모르는 □가 수식에 포함되면 그게 방정식입니다. '모르는 수'를 맞히는 것이 방정식의 소박한 존재 이유죠.

원래 숫자란 뭔가를 가르치거나 수치를 재기 위해 존재합니다. 일상에는 얼마나 되는지를 알아야 할 상황이 많이 있습니다. '얼마나 되는지'란 '모르는 수'라는 것입니다.

예를 들어 지금 가진 돈으로 '120엔짜리 주스를 몇 캔 살 수 있는지'와 같은 일상의 사소한 일부터, '로켓을 달에 보내고 싶은데 어떤 각도로 쏘아야 하는지'와 같은 어려운 상황도 있습니다.

어쨌든 '모르는 수'를 찾아내고자 하는 '마음'이 들 때 쓰는 무기로서 방정식이 태어났습니다.

그럼 현실에서 방정식을 이용하는 이야기를 해보겠습니다.

? 문제

전학생인 A양은 학교까지 걸어갑니다. 하지만 등교 시간까지 빠듯해서 중간부터 뛰어간 덕분에 지각을 면했습니다. 어머니는 이 말을 듣고 내일부터 뛰어가지 않아도 학교에 제시간에 도착할 수 있으면 좋겠다고 생각했습니다.

이렇게 질문도 명확하지 않은 지문이 수학 문제가 될까 싶지만, 현실에서 일어나는 문제는 본래 수학 지문처럼 명확히 드러나지 않습니다. 게다가 수학 문제로 만들 수 있는지, 그것을 풀어낼 수 있는지조차 모릅니다.

A양의 어머니라면 어떻게 할까요? 걸어서도 지각하지 않고 학교에 도착하려면 A양이 걷는 속도를 알아야겠죠. 하지만 이 상황에서는 '모르는 수'가 4가지 있습니다.

① A양이 걷는 속도
② A양이 뛰는 속도
③ A양이 학교에 도착하기까지 걸린 시간
④ A양의 집에서 학교까지 거리

③은 A양에게 물어보면 대략 알 수 있습니다. 등교 시각은 8시 30분이고 A양은 20분 전에 집에서 나왔고, 지각할 것 같아서 5분가량 뛰었습니다. 그러니 A양이 걸은 시간은 15분입니다.

④는 지도 앱으로 편리하게 알아볼 수 있습니다.

그렇다면 알 수 없는 수는 ①과 ②의 속도입니다. 이 수치는 A양에게 물어볼 수도 없고, 조사할 수도 없습니다. 그러므로 A양이 걷는 속도를 'x(m/min)'라고 합시다.

②의 수도 모르니 원래라면 x 외의 문자로 바꾸어서 생각해야 하지만(그렇게 해도 풀 수는 있습니다) 이번에는 대략적으로 생각하기 때문에 걷는 속도와 비교해서 상상하기로 합니다. A양이 뛰는 속도는 걷는 속도의 2배라고 합시다. 그러므로 A양이 뛰는 속도는 분속으로 '$2 \times x$(m/min)'입니다.

거리에 착안하여 공식화하면 다음과 같습니다.

$15(분) \times x(\text{m/min}) + 5(분) \times 2 \times x(\text{m/min}) = 1500(\text{m})$

$15x + 10x = 1500$ ⬅ 식을 정리함

$25x = 1500$ ⬅ $15x + 10x = 25x$

$x = 60(\text{m/min})$ ⬅ 양변을 25로 나눔

A양이 걷는 속도는 대략 1분에 60m이므로, 집에서 학교까지 거리인 1500m를 60m로 나누면 답은 25입니다.

A양의 엄마는 이 결과를 가지고 내일부터 A양을 등교 시각 30분 전에 보내거나 버스를 타고 가라고 할 수 있습니다. 이렇게 A양이 지각하지 않도록 문제를 해결했습니다.

방정식의 기본적인 순서

이런 문제가 나온다면 장난하나 싶을 겁니다. 보통은 지문에 '단, A양은 걷는 속도의 2배로 뛴다고 가정한다'라는 힌트를 줍니다.

일부러 이상한 문제를 낸 이유는 '모르는 수를 맞히려는' 방정식의 '마음'을 강조하기 위해서입니다. 이번 문제는 다음과 같은 과정으로 풀었습니다.

나의 체크

a. 정보를 정리한다.　　b. 바로 알 수 있는 수와 모르는 수를 끝까지 확인한다.

c. 정말 모르는 수에는 문자를 할당한다.　　d. 공식을 만든다.　　e. 계산한다.

이것이 방정식을 구성하는 일반적인 순서입니다. '한 걸음'에서는 a~c에 대해 특히 현실적으로 바로 알아낼 수 있는 숫자가 있는 반면 속도와 같이 알 수 없는 수도 있다는 사실을 알아두면 좋겠습니다. 예를 들어 방정식에 자주 등장하는 전통적인 문제 중에 '두루미와 거북이 계산법'이 있습니다. 두루미와 거북이의 마릿수의 합과 다리 수의 합을 바탕으로 두루미와 거북이 각각의 마릿수를 구하는 문제 혹은 비슷한 문장제 유형입니다.

일본 초등 수학에서는 연립방정식을 사용하지 않는 해법을 가리키지만, 이 책에서는 주로 중학교에서 배우는 연립방정식을 푸는 방법과 그 비슷한 유형의 문제를 말합니다.('두루미와 거북이 계산법'은 3세기경 중국의 수학서 《손자산경(孫子算経)》의 〈치토동롱(雉兎同籠, 꿩과 토끼의 숫자를 세는 산법)〉에 나오는 것으로, 일본에서 에도시대(1603~1867)에 두루미와 거북이로 바뀌었다.)

❓ 문제

두루미와 거북이가 모두 5마리 있습니다. 이들의 다리 수는 모두 합해서 12개입니다. 두루미와 거북이는 각각 몇 마리 있을까요?

다양한 풀이법을 생각하는 것도 나름 재미있지만, 저는 문제가 부자연스럽다는 점이 마음에 걸립니다. '왜 다리의 수를 셌지?', '합쳐서 5마리라면 각각 몇 마리인지 그냥 세보면 알 수 있지 않나?'라고 말입니다.

이 방식으로 알려드린다 해도 현실에서 방정식을 잘 다룰 수 있을지는 애매합니다. 그래서 속도와 같이 곧바로 알아낼 수 없는 수를 예로 들었습니다.

방정식을 계산하는 규칙

계산에는 편리한 규칙이 있습니다. '분배법칙'(49쪽)도 그중 하나입니다. 모든 규칙을 소개할 수 없으니 이 책을 읽어가는 데 필요한 정도만 다루고자 합니다.

A양의 문제에서 '$15 \times x + 5 \times 2 \times x$'가 왜 '$25x$'가 되는지 모른다면 원래는 여기에서 막힙니다.

이것은 '동류항 정리'라는 규칙입니다. 기껏 여기서 엎어질 수는 없으니 꼭 연습해서 익히도록 합시다.

방정식을 세우는 것과 푸는 것은 다르다

방정식을 만드는 능력이 중요

? 문제

인구가 5000만 명인 어느 나라는 매년 1%씩 인구가 증가하고 있습니다. 국가가 가진 자원으로 1억 명까지 먹여 살릴 수 있다고 합니다. 같은 속도로 인구가 증가할 경우 이 나라는 몇 년 뒤에 자원이 고갈될까요?

문제에서 주어진 정보를 정리하고 이를 공식화합니다.

먼저 우리가 최종적으로 구해야 할 답이 무엇인지 생각해봅시다. 그것은 이나라가 '몇 년 후에 인구가 1억 명이 되는가?' 하는 것입니다. 이 나라가 1억명이 넘으면 큰일 나므로 그때를 미리 알리는 '마음'이 담겨 있습니다.

'몇 년 후'라는 것은 미래에 대한 예측이므로 문제에서는 '알 수 없는 수'입니다. 그러므로 이를 'x년 후'라고 합니다.

그렇다면 1년 뒤의 인구는?

5000(만 명) × 1.01(1 % 증가)
= 5050(만 명)

2년 뒤의 인구는?

5000(만 명)×1.01×1.01(1% 증가가 2번)

$= 5000 \times (1.01)^2$

= 5100만 5000(명)

5년 뒤의 인구는?

5000(만 명)×1.01×1.01×1.01×1.01×1.01(1% 증가가 5번)

$= 5000 \times (1.01)^5$

= 약 5255(만 명)

'○년 후의 인구는 1.01을 ○번 곱하면 된다'는 사실을 알았다.

그러므로 인구가 1억 명이 될 x년 후는……

$5000(만 명) \times (1.01)^x = 1억 명$

단위에 주의할 필요가 있지만 실제로 손을 움직여서 생각해보면 '5000×$(1.01)^x = 10000$'은 문제를 식으로 표현한 것이며, '모르는 수 x'에 적절한 수를 넣으면 답이 나오니 방정식이라고 할 수 있습니다. 여러분은 풀 수 있을까요?

결론부터 말하면 이 방정식은 고등학교에서 배우는 '지수와 로그'라는 '무기'가 없으면 풀 수 없습니다.

'또 이상한 문제를 냈구나!' 싶겠지만 **어쨌든 식을 만들어냈다'는 사실이 중요합니다.** 초등학생과 중학생들도 식을 만드는 과정을 충분히 이해했을 것입니다. 1년 후라는 가까운 미래부터 생각해나가면서 어렵지 않게 공식화했습니다. 수학 문제를 만들어냈다는 뜻이지요.

방정식을 풀 수 있는지는 식을 만들어내는 것과는 전혀 다른 이야기입니다.

이제부터는 '방정식의 길'에서 얻을 수 있는 '무기'에 관한 이야기를 할 것이므로 방금 만들어낸 방정식의 풀이법을 찾을 필요는 없습니다.

식을 만들어보니 일차방정식이었다

비슷한 문제를 하나 더 연습해봅시다.

❓ 문제

어떤 자원은 지구상에서 1000t(톤)밖에 남지 않았습니다.
이 자원은 지금 전 세계에서 매년 50t씩 소비하고 있습니다.
이대로라면 앞으로 이 자원은 몇 년 뒤에 고갈될까요?

나눗셈을 잘하는 사람은 '1000÷50 = 20'이므로 20년 뒤에 고갈된다는 답을 곧바로 내놓을 것입니다.

그래도 연습이므로 별도의 방법으로 공식화해봅시다. '모르는 수'는 자원이 사라질 때까지 연수이므로 'x년'이라고 합니다.

매년 50t씩 소비해서 'x년' 뒤에 1000t을 소비하면 자원이 고갈되므로 사용량에 착안하여 식으로 나타내면 다음과 같습니다.

$$50x = 1000$$

이 식을 풀면 x년 뒤가 언제인지 알 수 있습니다. 50에 무엇을 곱하면 1000이 될까요? 답은 '$x = 20$'입니다.

학교에서 방정식을 다룰 때 지금까지 나왔던 '□×(−2) = 6', '25x = 1500',

'50x = 1000'를 일차방정식이라고 배웁니다. 일차방정식은 '모르는 수'와 그 몇 배인 수, '상수(알고 있는 수, 변화하지 않는 수)'만 포함되므로 이들도 일차방정식입니다.

$$50x + 300 = 1500$$

$$6x + 24 = 4x + 80$$

가장 풀기 쉬운 일차방정식을 먼저 배웁니다. 그러나 현실에서 수학을 응용할 때는 그 문제를 수식으로 만들어보니 **일차방정식이 나왔다는 것이 중요합니다.** 갑자기 고등학교에서 배우는 방정식을 보여드린 이유는 현실에서는 쉬운 문제부터 나온다는 보장이 없기 때문입니다.

일차방정식은 천칭이 된 마음으로 푼다

양변이 같기만 하다면 어떻게 손을 대도 좋다

'두 걸음'까지는 방정식을 만드는 이야기였습니다. 이제 드디어 방정식을 풀기 위한 무기를 이야기할 차례입니다. 이번에는 어떤 일차방정식도 풀 수 있도록 합시다. '무기'는 기초에 관한 이야기입니다. 그 기초가 나온 '마음'과 사용법에 대해 말씀드리고자 합니다.

❓ 문제

① $50x = 1000$ ② $6x + 24 = 4x + 80$

이것은 '두 걸음'에서 다룬 문제입니다.

①은 '50에 무엇을 곱하면 1000이 될까'를 나타낸 식입니다. 이 식의 양변을 50으로 나누면 **모르는 수 x**를 곧바로 알 수 있습니다. 그러므로 '$x = 1000 \div 50$'이 되고 '$x = 20$'이라는 답이 나옵니다.

x의 몇 배에 해당하는 $50x$의 '50'이라는 부분을 '계수'라고 합니다. 이를 50으로 나눠서 1로 만들어버린 것입니다. '$50 \div 50 = 1$'이니까요. 그러면 '$x =$' 형태가 됩니다.

①은 이렇게 풀면 되지만 ②에서는 식의 형태가 달라서 그대로 적용할 수 없습니다.

그렇다면 어떻게 해결하면 좋을까요? 저는 어머니에게 배운 '천칭의 마음'

을 담아두고 있습니다. ②를 그림으로 나타내면 다음과 같습니다.

'=(등호)'는 이 기호 양옆(양변)에 있는 식이 서로 같다는 의미입니다. 이 기호를 천칭이라고 하면 '천칭의 좌우는 항상 수평이 되어야 한다'는 '마음'이 필요합니다. 이 마음만 지킨다면 '손대도 괜찮다'는 말이 됩니다.

그러므로 양옆의 식에서 같은 양을 빼낼 수 있습니다. 먼저 좌우에서 같은 양인 4개의 x를 빼낸다 해도 천칭은 기울어지지 않습니다.

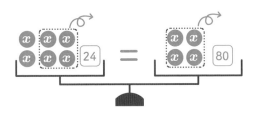

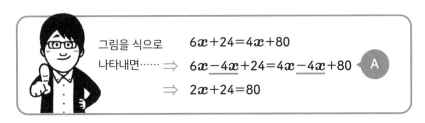

그림을 식으로 나타내면……

$$6x+24=4x+80$$
$$6x-4x+24=4x-4x+80 \quad \text{A}$$
$$2x+24=80$$

더구나 학교에서 이항을 배웠다면 "오른쪽에서 '$4x$'를 왼쪽으로 이항하면 '$-4x$'가 된다"라고 배웠을 것입니다. 위의 Ⓐ에서 '$4x-4x$' 부분을 생략한 것으로, 결과만 놓고 보면 마치 오른쪽에 있던 '$4x$'가 '$-4x$'로 변해서 이동한 것처럼 보입니다. 그러므로 이항의 원리를 제대로 설명하면 Ⓐ처럼 됩니다.

천칭의 이야기가 지향하는 바는 결국 한쪽에 x가 남고 반대쪽에는 상수를 남겨서 '모르는 수 x'와 수평을 만들면 x의 정체가 드러난다는 것입니다.

그렇다면 아직 더 가야 할 길이 남아 있습니다. 양변에서 같은 양인 24를 빼보면 '$2x = 56$'입니다. 이렇게 해서 ①과 같은 형식이 되었습니다.

이 식을 천칭으로 생각했을 때, 양변을 반으로 나누면 기울어지지 않고도 x를 구할 수 있습니다.

그렇게 해서 '$x = 28$'이 되었습니다. 이것이 정답인지 알아보려면 원래의 식 x에 28을 대입해보면 됩니다. '$6 \times 28 + 24 = 4 \times 28 + 80$'은 양변 모두 192이므로 역시 천칭은 기울어지지 않았습니다.

이와 같은 일차방정식을 풀 때 자주 하는 실수가 있습니다. '$2x + 24 = 80$'에서 빨리 x를 만들고자 서두르는 바람에 '$x + 24 = 40$'과 같이 이항을 제대로 하지 않고 2로 나누는 경우가 있습니다. 원래 '$2x + 24 = 80$'에서 그대로 2를 나눈다면 24도 똑같이 나눠야 식이 성립합니다. 그렇지 않으면 천칭이 기울어지겠지요.

이상으로 일차방정식은 완전히 제패했습니다. 이것으로 문제를 공식화해서 일차방정식을 만들어냈다면 당신은 승리했습니다.

일차방정식에서 천칭이 수평을 유지한다면 식을 바꿔도 됩니다. 그러므로 덧셈, 곱셈, 뺄셈, 나눗셈 모두 사용할 수 있습니다.

여담이지만 지금부터 초등학교 수학의 문장제 문제를 풀어보면 절반 이상은 일차방정식으로 풀 수 있다는 사실도 알 수 있을 겁니다.

초등학교에서는 x를 쓰지 않고 □와 같은 기호를 쓰거나, 아예 다른 사고방식으로 풀어나갑니다. 하지만 지금처럼 '무기'를 손에 넣으면 하나의 문제를 푸는 데도 할 수 있는 것들이 많아집니다. 풀이 방법이 많아진다는 말이지요. 공식을 구하고, 할 수 있는 것이 많아진 것처럼요.

일차방정식을 무조건 풀 수 있는 '특효약'

여기까지 이해했다면 암기할 필요 없지만 다음의 방법은 일차방정식을 무조건 풀 수 있는 특효약입니다. 특정한 경우에 쓰이는 공식이나 정리와 달리 일차방정식을 기계적으로 푸는 수법이므로 특효약이라고 표현했습니다. 또한 프로그래밍을 해본 사람이라면 알겠지만 특효약은 알고리즘이라고 바꿔 말할 수도 있습니다. 알고리즘이란 컴퓨터가 일정한 수법으로 계산하기 위해 만들어낸 것입니다.

나의 체크

일차방정식을 일반화(다양한 상황에서 통용되는 형태로 바꾸는 것)

$$ax + b = cx + d$$

$$ax - cx = d - b$$ ◀ 좌변에 x, 우변에 상수를 정리

$$(a-c)x = d - b$$ ◀ 좌변에 x만 남기고 싶으므로 양변을 $a-c$로 나눈다.

$$x = \frac{d-b}{a-c} \quad (단, a-c \neq 0)$$

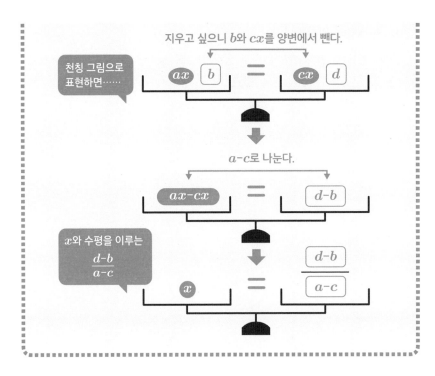

천칭 그림으로 표현하면······

지우고 싶으니 b와 cx를 양변에서 뺀다.

$$ax \quad b \quad = \quad cx \quad d$$

$a-c$로 나눈다.

$$ax-cx \quad = \quad d-b$$

x와 수평을 이루는 $\dfrac{d-b}{a-c}$

$$x \quad = \quad \dfrac{d-b}{a-c}$$

'$a-c$'의 값이 0이 아닐 것이라는 조건에 주의해야 합니다. 0이면 x가 사라져버리기 때문입니다. 시험 삼아 문제 ②의 '$6x+24+4x+80$'에 끼워 맞춰봅시다.

이 경우는 $a=6$, $b=24$, $c=4$, $d=80$이므로······

$x=\dfrac{d-b}{a-c}$ 에 끼워 맞추면

$x=\dfrac{80-24}{6-4}$ ⬅ 뺄셈하기

$=\dfrac{56}{2}$ ⬅ 약분하기

$=28$

이로써 정답과 일치합니다.

'문제 ①이라면 b와 c가 없다'고 생각할 수도 있지만 그 말대로 '없으므로' 0을 대입합니다. 그러면 단순히 '$\dfrac{1000}{50} = 20$'이 됩니다.

네 걸음 **방정식이 꼭 하나만은 아니다,**
연립일차방정식의 발견

'두루미와 거북이 계산법'에서 방정식의 확장을 보다

앞에서 '두루미와 거북이 계산법'(69쪽)의 다양한 풀이법을 생각해보는 것도 재미있다고 말했습니다. 여기에서 구체적으로 생각해보고자 합니다.

❓ 문제

두루미와 거북이가 모두 5마리 있습니다. 이들의 다리 수는
모두 합해서 12개입니다. 두루미와 거북이는 각각 몇 마리 있을까요?

이 문제를 초등학생이 가진 '무기'로 풀면 다음과 같습니다.

> '5마리가 모두 두루미일 경우, 다리의 수는?' ➡ '두루미의 다리는 2개이므로 모두 10개다.' ➡ '거북이의 다리는 4개이므로 거북이가 1마리씩 늘어날 때마다 전체 다리 수는 2개씩 늘어난다.' ➡ '다리의 수가 모두 합해서 12개이므로 5마리 중에 거북이는 1마리만 있으면 된다!'

어떻게 보면 그저 끼워 맞추기에 불과하지만, 나름대로 '모두 ○○이라면'이라는 극단적인 발상에서 시작하는 영리한 방법입니다.

중학교 1학년이 가진 '무기'를 쓴다면 이런 생각도 가능합니다.

'두루미의 수를 모르니 x라고 하자' ➡ '모두 5마리니까 두루미가 x라면 거북이는 $(5-x)$마리네' ➡ '다리의 수에 착안하면 다리가 2개인 두루미는 x마리, 다리가 4개인 거북이는 $(5-x)$마리니 $2x+4(5-x)=12$라고 할 수 있겠다.'

'$2x+4(5-x)=12$'는 일차방정식이므로 이제는 우리도 풀 수 있습니다. 이것은 '모르는 수'를 x로 두기에 초등학생의 풀이법보다 범용성이 좋은 '무기'입니다. 두루미뿐만 아니라 거북이도 '모르는 수'입니다. 그래서 이를 $(5-x)$마리라고 한 것은 한 번 꼬아서 만들어낸 사고방식입니다. 하지만 원래라면 거북이의 수를 다른 문자로 두는 것이 이번 내용의 핵심입니다. 이 방식대로 하면 다음과 같습니다.

나의 체크

$$\begin{cases} x(\text{마리}) + y\,(\text{마리}) = 5\,(\text{마리}) & \leftarrow \text{개체 수에 착안하여 공식화} \\ 2x(\text{개}) + 4y(\text{개}) = 12(\text{개}) & \leftarrow \text{다리 수에 착안하여 공식화} \end{cases}$$

단순히 거북이의 마릿수를 모르니 y로 두었을 뿐입니다.

이렇게 여러 개의 식을 세워서 푸는 것을 '연립방정식'이라고 합니다. 문제를 공식화해보면 x와 y는 그저 계수만 붙었을 뿐입니다. '일차방정식은 모르는 수 x와 x의 계수와 상수'로 이루어져 있기에(75쪽 참고) '연립일차방정식'입니다. 더 자세히 설명하면 모르는 수가 2개이면 '이원연립일차방정식', 3개이면 '삼원연립일차방정식'이라고 합니다.

연립방정식은 확실히 일차방정식의 풀이법을 그대로 적용할 수 없지요?

'세 걸음'에서 다룬 특효약은 소용없습니다. 별 생각 없이 모르는 수를 문자로 두었더니 식은 완성했지만 지금까지 배운 방법으로는 풀 수 없습니다. 이제 새로운 '무기'를 얻을 때가 왔습니다.

일단 여기에서는 '모르는 수가 n개 있으면 식도 n개를 만들면 대략 문제를 풀 수 있다'는 점을 꼭 기억하시기 바랍니다.

다섯 걸음 '모르는 수'가 하나면 좋겠다는 바람을 이루어주는 대입법

일차방정식을 향하여

연립일차방정식인 '두루미와 거북이 계산법'은 답이 이미 나왔으니 다른 문제를 풀어봅시다.

? 문제

'3인분이니까…… 4000엔 줄 테니 네가 좋아하는 초밥을 30개 사오렴.'
초밥집에는 새우와 오징어처럼 가격이 싼 80엔짜리 초밥과 참치 뱃살과 성게처럼 조금 비싼 200엔짜리 초밥이 있습니다.
4000엔으로 각각 몇 개를 사면 될까요?

물론 실제 초밥집은 더 세세하게 가격이 정해져 있습니다. 하지만 '두루미와 거북이 계산법'보다는 실용적이죠. 이 문제를 조금만 생각해보면 '두루미와 거북이 계산법'과 같다는 사실을 깨달을 것입니다. '모르는 수'는 80엔과 200엔짜리 초밥의 개수이니 각각 x개, y개로 하고 공식화하면 다음과 같습니다.

$$\begin{cases} x\,(개) + y\,(개) = 30\,(개) & \quad \Leftarrow ① 개수에 착안 \\ 80x\,(엔) + 200y\,(엔) = 4000\,(엔) & \quad \Leftarrow ② 가격에 착안 \end{cases}$$

중학교 1학년의 해법(82쪽)을 기억해주세요. 그때는 거북이를 $(5-x)$마리로 두었습니다. 똑같이 200엔짜리 초밥의 개수를 $(30-x)$개라고 하면 '$y=30-x$'라는 식이 나옵니다. 그리고 ①의 양변에서 x를 빼면 '$y=30-x$'라는 식이 나옵니다.

x와 y의 관계가 나왔으니 이 식을 참고하여 원래 식에 있는 y에 집어넣어봅시다. 이를 '대입'이라고 합니다. 다음과 같이 y를 지웠습니다.

$$80x + 200(30 - x) = 4000$$

정말 대단하게도 이미 여러분이 풀 수 있는 일차방정식의 형태가 되었습니다. 이 새로운 무기를 대입법이라고 합니다. 모르는 수인 y를 x로 표현하고 y를 지우는 것은 간단하지만 매우 대단한 발견입니다.

나의 체크

이원연립일차방정식의 가장 큰 문제점은 '모르는 수'가 2개 있으면 풀 수 없다는 것이다. 하지만 대입법은 '모르는 수를 하나로 정리하면 풀 수 있다'라는 '마음'에 응답해주었다.

조금 과장하기는 했지만 실제로 제가 대입법을 처음 알았을 때 느낀 감동입니다. 이렇게 조상님께서 발견하신 '무기'에 감정이입을 한다면 수학을 좀 더 적극적으로 즐길 수 있습니다. 또한 대입법처럼 '못하는 것을(연립방정식)을 할 수 있는 것(일차방정식)으로 치환하는' 사고방식은 앞으로도 자주 쓰일 것입니다.

그러면 이어서 계산해봅시다.

$$80x + 200(30 - x) = 4000$$
$$\Rightarrow \quad 80x + 6000 - 200x = 4000 \quad \longleftarrow \text{분배법칙 사용}$$
$$\Rightarrow \quad 80x - 200x = 4000 - 6000 \quad \longleftarrow \text{양변을 정리}$$
$$\Rightarrow \quad -120x = -2000 \quad \longleftarrow \text{양변을 -120으로 나눈다.}$$
$$x = \frac{2000}{120} = \frac{50}{3} = 16.66666\cdots\cdots$$

x는 80엔짜리 초밥입니다. 하지만 답은 무한소수가 되었으니 정확한 개수로 바꿔야 합니다. **현실적인 문제에서는** 셀 수 있는 숫자가 나와야 하니 가까운 자연수인 16개 혹은 17개가 답입니다.

모두 합해서 30개를 사야 하니 200엔짜리 초밥은 14개 혹은 13개입니다. 그래서 어느 쪽이 맞는지 검증해야 합니다. '80엔짜리 초밥 16개와 200엔짜리 초밥 14개'라고 하면 총금액이 4000원을 넘으니 실제로 살 수 없습니다.

하지만 '80엔짜리 초밥 17개와 200엔짜리 초밥 13개'라고 하면 총금액이 3960엔으로 4000엔을 넘지 않으니 이것이 정답입니다.

이 문제는 물론 ①의 '$x = 30 - y$'라는 식을 ②에 대입해도 풀 수 있습니다. ②의 식에서 x나 y의 관계식을 유도해봅시다.

$$80x + 200y = 4000$$
$$\Rightarrow \quad 80x = 4000 - 200y \quad \longleftarrow \text{'}x=\text{' 형식으로 정리}$$
$$x = \frac{4000}{80} - \frac{200}{80}y \quad \longleftarrow \text{양변을 80으로 나누기}$$

이것을 ①에 대입하면……

$$\frac{4000}{80} - \frac{200}{80}y + y = 30 \quad \leftarrow \text{일차방정식이 되었다.}$$

이건 확실히 복잡한 계산이니 더 이상 설명하지 않겠지만 답은 무조건 나옵니다. 부디 도전해보기 바랍니다.

연립일차방정식을 무조건 풀 수 있는 특효약

그렇다면 일차방정식과 똑같이 연립일차방정식도 무조건 풀 수 있는 '특효약'을 생각해봅시다. 문자가 많아 헷갈릴 수는 있지만 냉정하게 식을 잘 보고 따라오면 무조건 풀 수 있습니다.

나의 체크

연립일차방정식을 일반화하면

$$\begin{cases} ax + by = e \quad\text{——} \textcircled{1} \\ cx + dy = f \quad\text{——} \textcircled{2} \end{cases}$$

$$ax = e - by \quad \leftarrow \textcircled{1}\text{에서 } x\text{를 구한다.}$$

$$x = \frac{e - by}{a} \quad \text{단, } a \neq 0 \quad \leftarrow \text{양변을 } a\text{로 나누기}$$

이를 ②에 대입하면……

$$c\frac{e - by}{a} + dy = f$$

$$\Rightarrow c(e - by) + ady = af \quad \leftarrow \text{양변에 } a\text{를 곱하기}$$

$$\Rightarrow ce - bcy + ady = af \quad \leftarrow \text{분배법칙 사용}$$

$$\Rightarrow\ (ad-bc)y = af-ce \quad \leftarrow \text{구해야 하는 } y \text{로 식을 정리했다.}$$

$$y = \frac{af-ce}{ad-bc} \quad \text{단, } ad-bc \ne 0 \quad \leftarrow \begin{array}{l}\text{양변을}\\ ad-bc \text{로 나누었다.}\end{array}$$

이것은 연립일차방정식이 나오면 무조건 풀 수 있는 대입법을 표현한 식입니다. 하지만 'a'와 '$ad-bc$'는 0이 아니라는 점에 주의하기 바랍니다.

시험 삼아 방금 문제를 일반화한 식으로 풀어봅시다.

이 경우는 $a=1$, $b=1$, $c=80$, $d=200$, $e=30$ $f=4000$이므로……

$$y = \frac{af-ce}{ad-bc}$$

$$y = \frac{1\times4000-80\times30}{1\times200-1\times80}$$

$$= \frac{4000-2400}{200-80} \quad \leftarrow \text{뺄셈하기}$$

$$= \frac{1600}{120} \quad \leftarrow \text{나누기}$$

$$= 13.3333\cdots\cdots$$

y는 200엔짜리 초밥의 개수이니 14개 혹은 13개라는 답이 나옵니다.

둘 중에 정답은 13개입니다.

이렇게 문제를 공식화하여 연립일차방정식이 됐다면, 여기에 맞서 싸울 수 있는 무기를 가지게 되었습니다.

식을 서로 빼면 모르는 수를 하나 지울 수 있다는 사고방식

'다섯 걸음'에서 연립일차방정식을 공략했습니다. 하지만 한 번 풀었다고 만족할 수 없습니다. 예를 들어 '다른 방법으로 풀어보자'는 것입니다. 연립일차방정식에 접근하는 풀이 방법이 있습니다. 속성이 또 다른 '무기'입니다.

대입법이 나온 계기는 '모르는 수가 하나가 되면 좋겠다'는 '마음'에서 비롯되었습니다. 이번에는 '모르는 수의 계수가 같으면 좋겠다'는 '마음'에 대해 이야기해보고자 합니다.

그림을 보면서 구체적으로 알아봅시다.

다음 두 식을 각각 천칭으로 표현하면 다음과 같습니다.

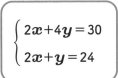

$$\begin{cases} 2x+4y = 30 \\ 2x+y = 24 \end{cases}$$

천칭의 왼쪽에서 오른쪽을 완전히 빼버려도 수평을 이룬다는 사실을 아셨나요? 그러면 다음과 같은 결과가 나옵니다.

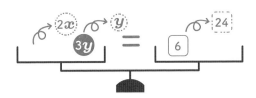

이 천칭 그림을 식으로 나타내면
오른쪽과 같습니다.

$$2x + 4y = 30$$
$$-)\ 2x +\ \ y = 24$$
$$3y = 6$$

'$3y = 6$'이 남았으니 양변을 3으로 나누면 '$y = 2$'가 됩니다. 그러므로 앞의 식에 대입하면 '$2x + 8 = 30$'이라는 일차방정식이 됩니다. 답은 '$x = 11$'입니다.

이제 '다섯 걸음'에서 다룬 초밥 문제를 위와 같은 방식으로 풀어봅시다.

$$\begin{cases} x + y = 30 & ——\ ① \\ 80x + 200y = 4000 & ——\ ② \end{cases}$$

'x의 계수가 똑같으면 좋겠다'는 '마음'

$$80x + 80y = 2400 \quad —— ①'$$ ← ①의 양변을 80배 하기

$$80x +\ 80y = 2400$$
$$-)\ 80x + 200y = 4000$$
$$-120y = -1600$$ ← 양변을 −120으로 나누기

$$y = \frac{1600}{120} = \frac{40}{3} = 13.3333\cdots\cdots$$

y는 200엔짜리 초밥의 개수이므로 이 식에 따르면 답이 14개 혹은 13개 나왔습니다.

연립방정식을 무조건 풀 수 있는 '특효약 두 번째'

그러면 대입법과 같이 문자식으로 표현해봅시다.

나의 체크

연립일차방정식을 일반화하면

$$\begin{cases} ax+by=e \ —— ① \\ cx+dy=f \ —— ② \end{cases}$$

a에 $\dfrac{c}{a}$를 곱하면 무조건 c가 되므로 ①에 $\dfrac{c}{a}$를 곱한다.   단, $a \neq 0$

$$\frac{c}{a}(ax+by) = \frac{c}{a}e$$

$$\Rightarrow cx+\frac{bc}{a}y = \frac{ce}{a} \ —— ①' \quad \leftarrow \text{분배법칙 사용}$$

x의 계수가 같아졌으므로 ①'에서 ②를 뺀다.

$$\begin{array}{r} cx+\dfrac{bc}{a}y = \dfrac{ce}{a} \\ -)\ cx+\quad dy = f \\ \hline \left(\dfrac{bc}{a}-d\right)y = \dfrac{ce}{a}-f \end{array} \quad \leftarrow \text{일차방정식이 되었다.}$$

$$(bc-ad)y = cx-af \quad \leftarrow \text{양변에 } a \text{를 곱하기}$$

$$y = \frac{cx-af}{bc-ad} \quad \text{단, } bc-ad \neq 0 \quad \leftarrow \begin{array}{l}\text{양변을}\\ bc-ad \text{로 나누기}\end{array}$$

87쪽의 결과와 달라 보이지만 실제로 대입해보면 $\dfrac{-1600}{-120}$이 됩니다. 이 분수는 음수끼리의 나눗셈이므로 답은 똑같이 $13.3333\cdots\cdots$입니다.

이것을 '가감법'이라고 하는데, 연립일차방정식을 100퍼센트 풀 수 있는 무기이자 특효약입니다.

이미 학교에서 연립일차방정식을 배운 사람은 아마도 대입법과 가감법을 둘 다 배웠을 겁니다. 하지만 대입법이 훨씬 친숙하게 느껴지지 않나요? 가감법의 사고방식은 '두루미와 거북이 계산법'의 연장선이기 때문입니다.

물론 '두루미와 거북이 계산법'으로도 문제를 풀 수 있습니다. 하지만 저라면 가감법을 선택하겠습니다. 왜냐하면 가감법은 앞으로 수학의 세계에서 많이 사용할 것이기 때문입니다. 구체적으로는 고등학교 수학의 '행렬'에 포함되어 있습니다. 그러므로 2가지 무기 모두 잊지 말고 내 것으로 만들어둡니다.

풀 수 없는 패턴에 숨어 있는 실수

앞에서 '모르는 수가 n개 있으면 n개의 식을 세우면 대체로 풀 수 있다'라고 말했습니다.

❓ 문제

① $\begin{cases} x+y=4 \\ 2x+2y=8 \end{cases}$ ② $\begin{cases} 2x+2y=16 \\ 2x+2y=8 \end{cases}$

그렇다면 두 연립방정식도 '모르는 수'가 2개 있고 식도 2개 있으니 풀 수 있을까요? 결론부터 말하면 둘 다 풀 수 없습니다.

문제 ①에서 아래의 식은 위의 식을 그저 2배했을 뿐이니 사실상 서로 같은 식입니다. 이 연립방정식의 답은 '$x+y=4$'이기만 하면 '$x=-100$, $y=$

104'이지만, '$x = \dfrac{3}{2}$, $y = \dfrac{5}{2}$' 등 어떤 수가 들어가도 성립됩니다.

문제 ②는 16과 8이 같을 수 없으므로 x나 y에 어떤 수가 들어가도 성립하지 않습니다.

이 2가지 때문에 '대체로 풀 수 있다'고 말했습니다. 너무 당연하다고 말하겠지만, 문제 ①과 같은 유형은 의외로 자주 보이는 실수입니다. 식을 세워보니 '같은 식이잖아?'라는 것이죠. 이런 실수가 나오는 이유는 연립방정식을 세울 때 착안점을 달리하지 않고 같은 것만 보다가 자기도 모르게 같은 식을 세워버리기 때문입니다.

이차방정식이 등장했다

? 문제

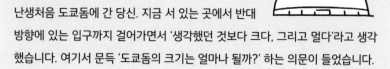

난생처음 도쿄돔에 간 당신. 지금 서 있는 곳에서 반대 방향에 있는 입구까지 걸어가면서 '생각했던 것보다 크다, 그리고 멀다'라고 생각 했습니다. 여기서 문득 '도쿄돔의 크기는 얼마나 될까?' 하는 의문이 들었습니다.

도쿄돔은 사실 삐죽 튀어나오거나 움푹 들어간 곳이 있어서 완전한 원은 아닙니다. 하지만 정확한 크기를 묻는 것은 아니기에 대략 원형이라고 생각합시다.

어떤 것의 넓이를 이야기할 때 종종 '도쿄돔 몇 개분'이라고 표현합니다. 물론 면적은 인터넷에 검색하면 바로 나옵니다. 4만 6755m²입니다.

하지만 문제의 방향을 바꿔서 도쿄돔의 지름을 알아봅시다. 지름은 인터넷을 검색해도 나오지 않습니다.

우리는 이미 대략 원형인 도쿄돔의 면적이 4만 6755m²라는 것을 알고 있습니다. 원의 넓이를 구하는 공식은 초등학교에서 '반지름×반지름×원주율', 중학교에서 'πr^2(r은 반지름)'이라고 배웁니다.(이 공식이 만들어진 '마음'에 대해서는 '원의 길'에서 말씀드리겠습니다.) 이 공식에서 나타난 반경과 면적의 관계를 가지고 도쿄돔의 지름을 구하는 식을 세울 것입니다.

도쿄돔의 지름을 '모르는 수 x(m)'라고 합시다. 반지름이란 지름의 절반이므로 도쿄돔의 반지름은 '$\frac{1}{2}x(\text{m})$'입니다. 중학교에서 배운 공식을 이용하면 다음과 같습니다.

$$\pi\left(\frac{1}{2}x\right)^2 = 46755 \quad \Rightarrow \quad \underset{\text{정리하면}}{} \quad \frac{\pi}{4}x^2 = 46755$$

언뜻 일차방정식 같지만 잘 보면 x를 2번 곱했습니다. 즉, 제곱한 형태입니다.

'모르는 수'를 2번 곱한 방정식을 이차방정식이라고 합니다. 이것이 중학교에서 배우는 끝판왕 격의 방정식입니다. 강적이라 조금 까다로운 상대이지만, '수의 길'에서 제곱근을 자신의 것으로 소화했다면 이차방정식도 잘 이해할 것입니다.

정확히는 제곱근을 쓴 계산이 필요하므로 칼럼에서 조금 더 설명할 테니 계산력은 꼭 보충하시기 바랍니다.

새로운 방정식이 만들어졌으니 그다음에는 이 방정식을 푸는 '무기'를 입수해야 합니다.

'$\frac{\pi}{4}x^2 = 46755$'에는 일차방정식이나 연립일차방정식에서 배운 특효약이 먹히지 않습니다. 그러니 계산을 이어가도록 합니다.

좌변에 x만 남기기 위해 양변에 $\frac{4}{\pi}$를 곱하기

$$x^2 = \frac{46755 \times 4}{\pi}$$

$$x = \pm\sqrt{\frac{46755 \times 4}{\pi}} \quad \leftarrow \quad \text{56쪽에서 배운 대로 이렇게 표현할 수 있다.}$$

길이에 음수는 있을 수 없으니 도쿄돔 지름의 답은 약 $\sqrt{\frac{46755 \times 4}{\pi}}$ (m)가 됩니다.

다만 답이 이런 식이면 길이가 얼마인지 감이 잡히지 않으니 원주율 π를 3으로 해서 더욱 구체적인 값을 구해봅시다.

$$\sqrt{\frac{46755 \times \boxed{4}}{3}} \quad \Longleftarrow \quad \text{분자에 있는 } \sqrt{4} \text{는 2이므로, 제곱근 기호 밖으로 나올 수 있다.}$$

$$= 2 \times \sqrt{\frac{46755}{3}} \quad \Longleftarrow \quad \text{제곱근을 유리화(97쪽 참고)하면}$$

$$= \frac{2}{3} \times \sqrt{46755 \times 3} \quad \Longleftarrow \quad \text{제곱근 속의 식을 계산하기}$$

$$= \frac{2}{3} \times \sqrt{140265}$$

$\sqrt{140265}$가 어떤 수를 2번 곱해서 나왔는지는 스스로 알아낼 수밖에 없습니다. 단순히 이 문제에서 귀찮은 부분입니다. 예를 들면 '$370 \times 370 = 136900$'이니 140265와 가깝습니다. 이런 방식으로 가까운 수를 찾아가면(계산기를 사용해도 됩니다) 약 374.5가 됩니다. 이 값의 $\frac{2}{3}$가 답이므로 '$\frac{2}{3} \times 374.5$'를 계산하면 도쿄돔의 지름은 최종적으로 약 250m라는 답을 도출할 수 있습니다.

생각보다 크지 않습니다. 하지만 문제에서는 돔의 주위를 걷고 있다고 하니 멀게 느껴질지도 모릅니다.

초보적인 유리화

유리화는 무엇일까요? 무리수에서 제곱근을 벗겨내 유리수로 변환하는 것을 말합니다. 특히 분수의 분모에 있는 제곱근을 유리수로 변환할 때 쓰이는 말입니다.

96쪽에서 $\sqrt{\dfrac{46755}{3}}$ 이라는 수가 나왔습니다. 이 수는 $\dfrac{\sqrt{46755}}{\sqrt{3}}$ 에서 $\sqrt{}$ 기호를 2번 쓰기 귀찮아서 크게 하나로 묶은 것입니다. 즉, 분모에 $\sqrt{3}$ 이라는 제곱근이 있으므로 이를 유리화하여 분모에서 제곱근을 벗기고자 합니다.

여기에 한 가지 대전제가 깔려 있습니다. 왜 분모에 제곱근 기호가 있으면 안 될까요? 계산이 복잡해지기 때문입니다. 분모를 계산할 때, 무리수인 '$\sqrt{3}=1.732\cdots\cdots$' 로 나누기보다 3으로 나누는 것이 간단하기 때문입니다.

그렇다면 가장 간단한 초보적인 유리화를 해봅시다.

분모의 제곱근을 유리화하고자 합니다. 사실 방법 자체는 단순합니다. 분모에 있는 $\sqrt{3}$ 을 분모와 분자 양쪽에 모두 곱하면 $\dfrac{\sqrt{46755}\times\sqrt{3}}{\sqrt{3}\times\sqrt{3}}$ 가 됩니다.

분모를 봅시다. $\sqrt{3}$ 을 2번 곱했으니 3이 되었습니다. 그러므로 $\sqrt{\dfrac{46755}{3}}=$ $\dfrac{\sqrt{46755}\times\sqrt{3}}{3}$ 로 유리화를 해냈습니다. 분모와 같은 수를 분자에도 곱해주면 유리화가 됩니다.

하지만 $\dfrac{\sqrt{3}}{\sqrt{15-7}}$, $\dfrac{\sqrt{3}+\sqrt{7}}{\sqrt{3}-\sqrt{7}}$ 처럼 더 발전된 형태의 기초문제도 있습니다. 이런 유리화도 필요하지만 기초 연습은 이 책에서 하지 않으므로 교과서나 참고서, 학습지 등을 통해 숙달하시기 바랍니다.

이차방정식이 무조건 풀리는 특효약이란?

그렇다면 다음 문제를 생각해봅시다.

? 문제

당신의 집이 농가라고 합시다. 세로 40m, 가로 60m의 밭이 있습니다. 밭이 너무 넓어서 2개의 논두렁길을 만들까 생각합니다. 하지만 논두렁길이 너무 넓으면 수확이 줄어드니 2350m²는 남기려고 합니다. 논두렁길의 폭은 몇 m까지 만들 수 있을까요?

먼저 지금의 농지 면적은 알 수 있습니다. 직사각형의 넓이는 '가로×세로'로 구할 수 있습니다.(55쪽 참고) 그러므로 '$40 \times 60 = 2400(\text{m}^2)$'입니다.

논두렁길의 폭은 '모르는 수'이므로 'x(m)'라고 합시다.

그림을 그려보면 다음과 같습니다.

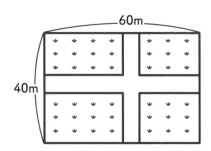

논두렁길을 만드는 목적은 밭의 한가운데서 다리를 쉽게 뻗기 위해서입니다. 두 줄이라면 보통 앞의 그림처럼 만들겠지요? 저라도 그럴 겁니다. 다만 논두렁길을 아무 데나 배치하더라도 남은 밭의 넓이는 달라지지 않습니다. 그러면 끝자락에 붙여봅시다.

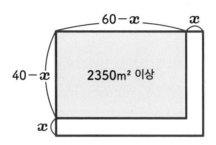

이렇게 x(m)의 논두렁길을 만든다고 하면, 세로는 $(40-x)$m, 가로는 $(60-x)$m로 표시할 수 있습니다. 그리고 이 둘을 곱하면 논두렁길을 뺀 나머지 밭의 면적을 알 수 있습니다. 그다음은 지문에서 수익 때문에 밭의 면적을 최소 2350m^2 이상 남겨야 한다는 조건이 있었으니 이를 만족시켜야 한다는 내용의 문제입니다.

'논두렁길을 기울여서 지어도 되나요?' 이런 의문을 가질 수도 있습니다. 물론 나쁘지 않지만 기울이더라도 결과는 같습니다.

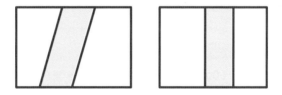

양쪽의 색이 칠해진 부분은 폭이 같다면 면적도 똑같습니다. 왼쪽 그림에서 논두렁길 부분만 잘라보면 다음과 같은 식이 됩니다.

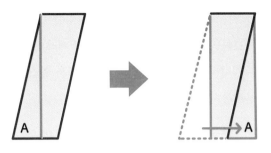

보조선을 긋고 **A**의 삼각형 부분을 그림과 같이 이동하면 직사각형과 같아집니다. 폭이 같다면 논두렁길이 반듯하든 기울어지든 면적은 같습니다. 그래서 이렇게 식을 세워도 됩니다.

$$(40 - x) \times (60 - x) = 2350$$

이 식을 풀기 위해서는 '전개'라는 계산 규칙이 필요합니다. 아직 학교에서 배우지 않은 사람은 칼럼(102쪽)에서 간단히 설명할 테니 읽어보시기 바랍니다.

아래의 계산식은 분배법칙을 2번 쓰는 방법입니다.(49쪽 참고)

$$(40 - x) \times (60 - x) = 2350$$
곱한다.
$$\Rightarrow \quad 60(40 - x) - (40 - x)x = 2350$$
$$\Rightarrow \quad 2400 - 60x - 40x + x^2 = 2350 \quad \leftarrow \text{분배법칙 사용}$$
$$\Rightarrow \quad x^2 - 100x = -50 \quad \leftarrow \text{식 정리}$$

식 안에 x^2이 있으므로 이차방정식입니다. 하지만 처음에 봤던 '$ax^2 = b$' 형태는 아닙니다. '$-100x$'가 있기 때문입니다.

그렇다면 방금 일반화한 **이차방정식의 답이 '$x = \pm\sqrt{\dfrac{b}{a}}$'라는 법칙은 한계에 다다랐기에 만능은 아닙니다. 특효약이 아니라는 말입니다.** 그러니 여러분은 아직 '이차방정식을 무조건 풀 수 있는' 수준에 도달하지 않았습니다.

새로운 이차방정식의 모습이 곧 진짜 모습

'$x^2 - 100x = -50$'의 풀이법, 그러니까 새로운 무기에 대해 다음번에 제대로 말씀드리겠습니다. **사실 도쿄돔 문제에서 나온 방정식보다 논두렁길 문제에서 나온 방정식이 더 일반적인 이차방정식입니다.** 그러므로 후자의 형식이 더 자주 쓰입니다.

예를 들어 물리 과목을 보면 야구공을 던져서 지면에 착지할 때까지 나타나는 궤도를 포물선이라고 합니다. 이를 '$y = ax^2 + bx + c$' 수식으로 나타낼 수 있는데, 이차방정식처럼 보입니다.

포물선의 궤도는 여러 분야에서 쓰입니다. 우주 개발에서 로켓을 어떤 궤도로 날려야 하는지, 군사용 미사일은 어떤 궤도로 쏴야 하는지, 또한 '스프링클러로 어느 범위까지 물을 뿌려야 하는지, 이 모든 것들에 포물선이 이용됩니다. 일상생활에서 이차방정식이 쓰이는 곳은 정말 많습니다.

수식의 전개를 이용하는 생각법

'$(40-x) \times (60-x) = 2350$'라는 식이 전개 과정을 거쳐 '$x^2 - 100x = -50$'라는 식으로 변화하였습니다. 원래 곱셈식이 덧셈식으로 바뀌었습니다.

'$-100x$' 때문에 덧셈식이라는 말이 잘 이해하기 힘들지만 '$x^2 + (-100x) = -50$'으로도 표현할 수 있습니다. 그러므로 전개란 본질적으로 곱셈을 덧셈으로 바꾸는 것이라고 할 수 있습니다.

이미 학교에서 전개를 배운 사람들은 공식을 외웠을지도 모릅니다. 그렇다면 공식에 익숙할 테니 필요 없다고 하지 않겠습니다. 하지만 굳이 외우지 않더라도 문제를 풀 때 치명적인 시간 낭비는 없습니다.

전개란 한쪽을 하나의 숫자로 취급하여 착실하게 계산을 거듭해나가는 것일 뿐입니다. $(ax+b)(cx+d)$을 일반화한 식으로 생각해봅시다.

$$
\begin{aligned}
&(ax+b)(cx+d) \\
=\;&(ax+b)cx + (ax+b)d \qquad \leftarrow (ax+b) \text{를 하나의 수로 생각하기}\\
=\;&acx^2 + bcx + adx + bd \qquad \leftarrow \text{분배법칙을 사용하기}\\
=\;&acx^2 + (ad+bc)x + bd \qquad \leftarrow \text{모르는 수는 } x \text{로 정리하기}
\end{aligned}
$$

전개를 통해 곱셈식을 덧셈식으로 변환했습니다. '여덟 걸음'에서 '인수분해'가 나오는데, 이 계산법은 전개를 역순으로 하는 것입니다. 곱셈과 나눗셈의 관계와 비슷합니다. 이차방정식을 풀 때 자주 사용하는 계산법이므로, 연습을 거듭하여 언제든지 정확하게 할 수 있도록 몸에 익혀둡시다.

여덟 걸음 만능은 아니지만 강력한 인수분해를 시도해보자

덧셈을 곱셈으로 바꾸면 기쁘다

'일곱 걸음'에서 우리에게 남겨진 숙제가 있습니다. '$x^2 - 100x = -50$'이라는 방정식을 어떻게 풀어야 할까요?

먼저 다음의 문제를 순서대로 생각해봅시다.

? 문제

① $x^2 = 7$ ② $x^2 + 2x = 0$ ③ $x^2 + 2x - 8 = 0$

우리는 이미 ①번 문제를 풀 수 있습니다. '$ax^2 = b$' 형태이므로 답은 $\pm\sqrt{7}$입니다. ②번 문제는 어떨까요? '$x = 0$'이라면 식이 성립하지 않을까요? 0을 2번 곱하든 2를 곱하든 어떻게 해도 답은 0입니다.

그렇다면 수학답게 생각해봅시다. 양변을 x로 나누면 어떻게 될까요? x가 0이 아니라면 x로 나눌 수 있습니다. 그러면 $\dfrac{x^2 + 2x}{x}$는 $x + 2$가 되므로 '$x + 2 = 0$'이 됩니다. 이 식은 일차방정식이지요? x는 -2입니다. 그러므로 ②번 문제의 정답은 '$x = 0, -2$'입니다.

②번 문제는 '$x(x + 2) = 0$' 형태로 바꿀 수 있다는 사실을 아시나요? 이 식을 전개하면 다시 ②번 식으로 돌아옵니다. 즉, 전개를 역순했다는 것입니다. 이런 계산법을 인수분해라고 합니다.

전개는 곱셈식을 덧셈식으로 바꾸는 것입니다.(102쪽 참고) 인수분해는 이것의 역순이므로 덧셈식을 곱셈식으로 바꾸는 것입니다.

'$a \times b = 0$'이면 a 혹은 b 둘 중 하나는 무조건 0입니다. '$x(x+2)=0$' 또한 곱셈이므로 'x 혹은 $x+2$는 무조건 0이 된다'고 할 수 있습니다.

인수분해가 생긴 '마음'은 이렇습니다.

나의 체크

덧셈식을 곱셈식으로 변환할 수 있으면 좋겠다.

$$ax^2 + bx + c = 0$$

$$\Rightarrow (px+q)(rx+s)=0$$ 이렇게 되면 좋겠다.

여기서 ③번 문제를 생각해봅시다.

$$x^2 + 2x - 8 = 0$$ ← 인수분해 사용

$$\Rightarrow (x+4)(x-2)=0$$ ← 즉 '$x+4=0$' 혹은 '$x-2=0$'

$$x = -4, \ 2$$

인수분해를 하면서 저는 이렇게 생각합니다.

나의 체크

$$x^2 + \underline{2x} \underset{\sim}{-8} = 0$$

이 식이 $(x+○)(x+□)=0$ 형태가 되려면 다음 조건에 맞아야 한다.

$$\begin{cases} ○ + □ = \underline{2} \\ ○ \times □ = \underline{-8} \end{cases}$$ ← 4와 -2라면 ○와 □에 들어갈 조건이 된다.

이렇게 '$ax^2 = b$' 형태가 아닌 이차방정식도 풀렸습니다. 우리는 방금 이차방정식을 풀었지만 뭔가 부족하다는 생각이 듭니다. 인수분해 자체도 머리를 써야 하고, 이것만으로는 이차방정식을 모두 풀 수 없을 것 같은 기분이 듭니다. 지금까지 배운 것으로 이런 생각이 드는 것도 맞습니다. 예를 들어 ③의 식에서 8을 7로 바꿔봅시다.

$x^2 + 2x - 7 = 0$

인수분해하기 위해서 다음과 같은 조건에 맞는 수를 생각하자.

$$\begin{cases} \bigcirc + \square = 2 \\ \bigcirc \times \square = -7 \end{cases}$$

③번 문제와 달리 머릿속으로만 할 수 있는 것도 아니고, ○와 □는 정수가 아니라는 생각이 들 겁니다. 확실히 이차방정식을 푸는 데 인수분해는 결코 만능이 아닙니다. 하지만 인수분해도 어느 정도 강력한 계산법입니다. 구체적인 장점을 꼽자면 암산하기 쉽습니다.

미리 말하자면 '열 걸음'에서 이차방정식을 무조건 풀 수 있는 '근의 공식'에 대해 말씀드릴 텐데, 이것이 특효약입니다. 하지만 계산이 복잡합니다. 그러므로 인수분해로 이차방정식을 풀 수 있다면 시간이 절약됩니다. ③번 문제처럼 **크기가 작은 정수가 답**임을 상상할 수 있다면 강한 '무기'가 됩니다.

애초에 **현실적인 문제를 방정식으로 푼다고 하면 답이 정수가 되는 경우가 많습니다.** 그러므로 인수분해는 꼭 알아둘 필요가 있습니다. 저 또한 이차방정식을 보면 전략적으로 먼저 인수분해를 시도합니다. 이것이 안 먹힐 경우에 근의 공식을 쓰지요.

'답이 작은 정수가 될까?' 이런 예상을 해본다는 것은 식을 보고 인수분해를 할 수 있는지 생각하는 것입니다. 이 방법은 익숙해지는 수밖에 없습니다. **전개와 인수분해를 연습하다 보면 점점 노하우가 생기지요.**

컴퓨터는 계산이 빠릅니다. 그러므로 이차방정식의 계산은 근의 공식만 써도 문제없지요. 하지만 사람이 계산한다면 인수분해를 쓰는 것이 더 편합니다.

아홉 걸음 일상에서도 쓸 수 있는 인수분해의 놀라운 기술

중학교 3학년

인수분해를 응용한 계산법

꼭 만능은 아니더라도 어떤 상황에서 인수분해를 쓸 수 있는지 알아보려고 합니다.

? 문제

암산으로 풀어봅시다   39×41=?

인수분해를 많이 연습한 저는 1초 만에 풀 수 있습니다. 이 문제를 인수분해로 생각하는 방법은 이렇습니다. 39를 (40−1)로, 41을 (40+1)로 보고 식을 재구성하면 이렇습니다. '(40−1)×(40+1)=?'

$$(40-1) \times (40+1) \quad \Leftarrow 전개한다.$$
$$=40 \times 40 + 40 \times 1 + (-1) \times 40 + (-1) \times 1$$
$$=40^2 + 40 - 40 - 1^2 \quad \Leftarrow 40-40=0$$
$$=1600 - 1 = 1599$$

이 계산 방식을 모두 거친다면 1초 이상 걸리지 않느냐고 생각할 수도 있습니다. 이 식을 다시 정리하면 곧 '$40^2 - 1^2 = ?$'가 됩니다.

이것을 일반화하면 ➡ $(a+b)(a-b)=a^2-b^2$

인수분해를 공부하면 이러한 공식을 몇 가지 익히게 됩니다. 이 공식들을 내 것으로 만들면 1초 만에 풀 수 있다는 말이지요.

'$72 \times 68 = ?$' 이 계산도 같은 방식으로 풀 수 있습니다. '$(70+2)(70-2)= 70^2-2^2$' 이렇게 됩니다. 난이도는 전보다 조금 높습니다. 공식을 이용해 이 계산을 풀면 '$4900-4=4896$'이 됩니다.

 문제

암산으로 풀어봅시다   ① $102 \times 102 = ?$ ② $53 \times 53 = ?$

이 계산식들도 똑같이 생각하면 됩니다.

102×102
$=(100+2)(100+2)$ ⬅ 전개한다.
$=100^2+100 \times 2+2 \times 100+2^2$
$=100^2+2 \times 2 \times 100+2^2$ ⬅ 2×100이 2개
$=10404$

①번과 ②번 문제 모두 다음 공식을 이용하면 1초 만에 풀 수 있습니다.

$$(a+b)^2=a^2+2ab+b^2$$

그러므로 '53 × 53 = ?'을 암산하면 '$(50+3)^2 = 50^2 + 2 \times 50 \times 3 + 3^2 = 2500 + 300 + 9 = 2809$'가 됩니다. 물론 이 문제를 1초 만에 풀 수 있다는 말은 과장이지만, 암산에 익숙해지면 5초 만에 풀 수 있습니다.

'123 × 9 = ?'에서 9를 (10-1)라고 생각한다면, '$123(10-1) = 1230 - 123 = 1107$' 이런 방법도 있습니다. 암산은 어렵지만 곱셈보다는 쉽지 않나요?

인수분해는 아니지만 현실적인 문제에서 이런 응용을 할 수 있습니다.

? 문제

소비세가 10%라면 898엔의 세금 포함 가격은 얼마인가?

898엔에 10%의 소비세가 붙는다는 것은 1.1배를 말합니다.

$$898 \times 1.1 = ? \quad \leftarrow \text{'1.1=1+0.1'이라고 생각하자.}$$
$$\Rightarrow 898(1+0.1) = ? \quad \leftarrow \text{분배법칙 사용}$$
$$\Rightarrow 898 + 89.8 = 987.8 \quad \leftarrow \text{소수의 곱셈보다 계산이 편하다.}$$

이 계산으로 나온 수에서 소수점 첫째를 올림하면 988엔입니다.

이상으로 **빠르게 계산할 수 있는 인수분해**에 대해 말씀드렸습니다. 제 경우는 9, 17, 22, 51과 같이 10 단위에서 '±1~3' 정도면 쉽게 계산할 수 있습니다.

또한 저는 11~19의 제곱수는 문제 풀이에 자주 나오므로 암기해두었습니다. '$11 \times 11 = 121$', '$12 \times 12 = 144$' …… '$19 \times 19 = 361$' 이런 것들 말이지요. 그러면 '$15 \times 19 = (17-2)(17+2) = 17^2 - 2^2 = 289 - 4 = 285$' 이런 계산식이나 더 나아가서 '$14 \times 19 = ?$' 이런 계산식도 재빨리 암산할 수 있습니다.

'14와 19의 중앙값은 정수가 아니다.'

➡ '$(a+b)(a-b)$' 형식을 사용할 수 없다.

➡ '그래도 14와 18의 중앙값은 16이다.'

➡ '식을 맞추기 위해 $(16-2)(16+2)$으로 바꾸고 14를 더하기'

➡ '$14 \times 19 = (16-2)(16+2) + 14 = 16^2 - 2^2 + 14 = 266$'

근의 공식이 가진 '마음'을 알아보자

이제 방정식의 길에서 가장 강력한 이차방정식을 완전 공략하기 위한 이야기입니다. '일곱 걸음'에서 진짜 정체를 드러낸 '$x^2-100x=-50$' 식이 나온 논두렁길 문제로 다시 돌아가봅시다.

먼저 이 이차방정식을 인수분해하려면 -50을 이항해야 합니다. '$x^2-100x+50=0$' 형태로 바꿉시다. '여덟 걸음'에서 배운 대로 '더해서 -100', '곱해서 50'이 되는 조합을 찾아 인수분해할 수 있을까요?

결론부터 말하면 그런 정수는 없습니다. 그래서 이차방정식을 무조건 풀 수 있는 특효약이자 마지막 필살기인 근의 공식이 필요합니다.

인수분해는 이차방정식의 일반적인 모양을 $(px+q)(rx+s)=0$의 형태로 바꿀 수 있으면 좋겠다는 '마음'에서 나왔습니다. 여러분은 이차방정식을 푸는 패턴을 또 하나 아실 겁니다.

그렇습니다. 가장 처음에 배운 '$ax^2=b$'입니다.

나의 체크

'$ax^2+bx+c=0$'을 '$ax^2=b$'로 바꾸면 좋겠다.

이것이 바로 근의 공식이 가진 '마음'입니다.

그러면 구체적으로 '$x^2-100x+50=0$'을 '$ax^2=b$' 형태로 바꾸려면 어떻게 하면 좋을까요? 그러기 위해서는 'x^2-100x' 부분을 손댈 필요가 있습니다. 이 부분이 이차방정식 일반식의 ax^2에 해당하기 때문입니다.

그래서 '$(a+b)^2=a^2+2ab+b^2$'이라는 인수분해 공식(108쪽 참고)이 힌트가 됩니다. 사실은 이와 비슷한 공식으로 '$(a-b)^2=a^2-2ab+b^2$'가 있습니다. 실제로 '$(a-b)(a-b)$'를 전개해보면 증명할 수 있습니다.

나의 체크

x^2-100x를 $(a-b)^2$의 형태로 바꾸면 좋겠다.

그래서 이러한 새로운 '마음'이 생깁니다.

여기서 고개를 기울여봅시다. $-100x$는 $(-2\times x \times 50)$이므로 $2ab$의 형태와 닮아 있습니다. 그러므로 a에 해당하는 것이 x, b에 해당하는 것이 50입니다.

이것은 $x^2-100x+50^2$ 식을 $(a-b)^2$ 형태로 바꿀 수 있다는 말입니다. 하지만 원래 식인 x^2-100x에는 50^2이 없습니다. 그러면 어디선가 50^2을 가져와서 다시 빼면 됩니다.

뭔가 막 나가는 것처럼 보이지만 등호만 잘 지키면 수학적으로 문제없습니다. 지금까지 설명을 정리하면 다음과 같습니다.

$$x^2-100x+50=0$$

이 부분을 $(x-\square)^2$ 형태로 바꾸고 싶다.

$x^2-100x+50^2$은 인수분해 공식에 따라 $(x-50)^2$가 된다.

↓ $(x-\square)^2$ 형태가 안 된다면 양변에 적당한 수를 더해서 빼면 된다.

$$\Rightarrow \quad x^2-100x+50^2-50^2+50=0$$

$$\Rightarrow \quad (x-50)^2-50^2+50=0 \quad \Leftarrow (x-50)^2 \text{ 이 부분만 빼고 계산한다.}$$

$$\Rightarrow \quad (x-50)^2-2450=0 \quad \Leftarrow -2450\text{을 이항한다.}$$

$$(x-50)^2=2450 \quad \Leftarrow \text{'}ax^2=b\text{'의 형태가 되었다.}$$

$$x-50=\pm\sqrt{2450} \quad \Leftarrow 98\text{쪽으로부터}$$

$$x=50\pm\sqrt{2450}$$

일단 계산을 끝내면 '$x=50\pm\sqrt{2450}$'가 됩니다. $\sqrt{2450}$이 어떤 수인지 알려면, 도쿄돔의 지름을 구했을 때처럼 스스로 계산할 수밖에 없습니다. 이전에 알려드린 방법대로 근호를 풀어내면 약 49.5라는 숫자가 나옵니다. '$x=50\pm49.5$'를 계산하면 '$x=99.5$ 또는 0.5'입니다. 하지만 밭의 세로가 40m, 가로가 60m이므로 99.5m의 논두렁길을 만들 수는 없습니다. 그러므로 논두렁길의 폭은 0.5m, 즉 50cm 정도 된다는 말입니다. 이익을 너무 우선시하는 바람에 길이 많이 좁다는 생각도 듭니다.

'마음'을 풀어내는 열쇠가 중요하다

방금 풀어본 문제를 일반화하면 다음과 같습니다.

$$ax^2+bx+c=0 \quad \text{단,}\, a\neq0$$

$$\Rightarrow a\left(x^2+\frac{b}{a}\,x\right)+c=0 \quad \Leftarrow \frac{b}{a}\text{를 }2\times\frac{b}{2a}\text{라고 생각하면 완전제곱식 완성}$$

$$\Rightarrow a\left\{x^2+\frac{b}{a}\,x+\left(\frac{b}{2a}\right)^2-\left(\frac{b}{2a}\right)^2\right\}+c=0 \quad \boxed{\begin{array}{l}\text{완전제곱식이란}\\ \text{'}a(x-b)^2\text{' 형태를 말함}\end{array}}$$

$$\Rightarrow a\left(x+\frac{b}{2a}\right)^2-\frac{b^2}{4a}+c=0 \quad \Leftarrow \text{'}ax^2=b\text{'의 형태로 변환}$$

$$\Rightarrow a\left(x+\frac{b}{2a}\right)^2=\frac{b^2}{4a}-c$$

$$=\frac{b^2-4ac}{4a} \quad \Leftarrow \text{통분하기}$$

$$\Rightarrow \left(x+\frac{b}{2a}\right)^2=\frac{b^2-4ac}{4a^2} \quad \Leftarrow \text{양변을 }a\text{로 나누기}$$

$$x+\frac{b}{2a}=\pm\sqrt{\frac{b^2-4ac}{4a^2}} \quad \begin{array}{l}\text{단,}\, b^2-4ac>0\\ \Leftarrow \text{분모의 }\sqrt{4a^2}=2a\end{array}$$

$$=\pm\frac{\sqrt{b^2-4ac}}{2a} \quad \Leftarrow \frac{b}{2a}\text{를 왼쪽으로 이항한다.}$$

$$x=\frac{-b\pm\sqrt{b^2-4ac}}{2a}$$

초등학생에게는 매우 어려운 이야기입니다. 하지만 언젠가 학교에서 이차
방정식을 배울 때 근의 공식을 쓰면 무조건 풀 수 있다는 사실을 미리 알면 매
우 유리합니다.

이러한 수학적 논리와 증명은 언뜻 매우 꼬여 있는 것처럼 보입니다. 하지

만 수학 문제에는 기본적으로 맨 처음에 '하고자 하는 것', 즉 '마음'이 있습니다. 그 마음에 알맞은 열쇠를 이용해서 쭉 풀어내면 됩니다. 그 열쇠로 가는 길을 정확히 따라가면 된다는 말이지요.

이런 식으로 받아들이면 수학을 무서워할 필요 없습니다. 그보다는 '두려워하지 말자'라고 말하고 싶습니다.

근의 공식을 예로 들면 문제를 쉽게 풀기 위해 '$ax^2 = b$'로 바꾸고 싶다는 '마음'이 있습니다. 이것을 해결하는 데는 단 한 가지 열쇠가 있습니다. 완전제곱식을 만들면 됩니다.

반대로 이것을 잊어버리면 근의 공식에 도달하기가 매우 어려워지는 중요한 열쇠입니다.

그러면 근의 공식만 외우면 되지 않느냐고 생각할 수도 있습니다. 하지만 최종 필살기는 리스크가 큰 법입니다. 잘못 외우거나 실제로 사용하다가 계산을 틀리면 답도 틀리게 됩니다.

최종적으로 암기를 해도 좋습니다. 하지만 저도 가끔 근의 공식이 '$\dfrac{-b \pm \sqrt{b^2 - 4ac}}{2a}$'인지 '$\dfrac{-2b \pm \sqrt{b^2 - 4ac}}{a}$'인지 헷갈릴 때가 있습니다. 이럴 때는 그 자리에서 증명할 수 없다면 포기하게 됩니다.

그리고 왜 그러는지 설명할 수 있어야 진짜 이해했다고 할 수 있습니다. 그래야 응용할 수 있으니까요. 그래서 '공식을 암기만 해서는 문제를 풀 수 없다'는 겁니다.

여담이지만 방정식은 x^3을 포함하는 삼차방정식, 사차방정식, 오차방정식으로 점점 늘어납니다. 저는 암기하지 않았지만 사차방정식까지는 근의 공식이 존재합니다. 오차방정식 이후는 근의 공식이 존재하지 않습니다.

사실 수학적으로 일차방정식부터 사차방정식까지 근의 공식처럼 '존재한다'는 것을 증명하기보다 '존재하지 않는다'는 것을 증명하기가 더 어렵습니다.

하지만 오차방정식 이후에 근의 공식이 없다는 것을 증명한 '갈로아 이론'이 있습니다. 이것은 대학에서 배우는 내용입니다.

이제 '방정식의 길'은 제패했습니다. '두루미와 거북이 계산법'이나 ○과 □을 이용한 문제부터 시작한 '길'은 일차방정식, 연립일차방정식, 이차방정식으로 점점 개념을 넓혀가면서 문제를 풀기 위한 '무기'를 손에 넣었습니다.

고교 수학을 배울 때는 앞에서 잠깐 등장한 '지수와 로그'가 섞인 방정식 혹은 연립이차방정식으로 더욱 확장해나갑니다. 근의 공식을 증명한 수학적인 논리에 대해서는 '논리와 증명의 길'에서도 다시 설명하겠지만 고등학교 수학에서 더 늘어납니다. 그래서 지금부터 익숙해지면 좋을 것입니다.

퀴즈왕 쓰루사키의 도전장!
삼각형 퍼즐

문제편

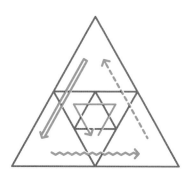

7개의 삼각형에 2~8까지 숫자를 넣고

의 3개 수의 덧셈의 답

의 3개 수의 덧셈의 답

의 3개 수의 덧셈의 답

의 3개 수의 덧셈의 답

이들이 모두 같은 수가 되도록 해봅시다.

과연 당신은 해낼 수 있을까요?

➡ 해답은 286쪽

한 걸음   '함수'란 무엇인가? 그래프와의 관계를 알아보자   (초등학교~중학교 1학년, 고등학교)

두 걸음   일차방정식은 직선, 식은 대부분 'y=ax+b'다   (중학교 2학년)

세 걸음   일차방정식을 그래프로 풀어보자   (중학교 2학년)

네 걸음   연립일차방정식도 그래프로 만들어서 풀어보자   (중학교 2학년)

다섯 걸음   강적 이차방정식도 그래프로 풀 수 있다   (중학교 3학년, 고등학교)

제3장
함수와 그래프의 길

식을 잘 몰라도 그래프를 만들어서 예측할 수 있다

비즈니스에서는 그래프를 쓸 일이 많습니다. 하지만 일상생활에서 일일이 그래프를 그려서 문제를 해결하는 경우는 거의 없습니다.

3장에서는 주로 그래프에 관한 이야기를 합니다. 지금까지 했던 것처럼 '공략이 안 되니 새로운 무기를 손에 넣자'는 것이 아닙니다. 그래프를 사용하는 방법은 다양하고, 각각 모두 '무기'가 됩니다.

더욱이 그래프와 함수, 혹은 함수와 방정식의 관계를 이해하고 종횡무진 왔다 갔다 할 수 있다면, 수학적으로 생각하는 새로운 방식을 몸에 익힐 수 있습니다.

그렇다면 '함수란 무엇인가?'부터 시작해봅시다.

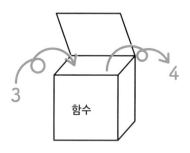

위의 그림처럼 함수는 '수수께끼의 상자 속에 뭔가를 넣으면 또 다른 뭔가가 나오는 것'처럼 보입니다. 예를 들어 '$x = 3$'을 상자 속에 넣으면 '$y = 4$'가 나옵니다. 즉, 'x가 정해지면 y도 하나 정해지는 관계'를 함수라고 합니다.

극단적으로 말하자면 꼭 식으로 나타낼 필요는 없습니다.

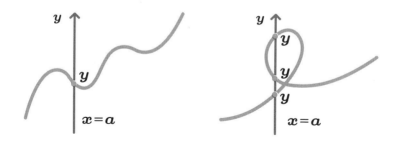

이렇게 대충 그린 그래프여도 왼쪽은 함수이고 오른쪽은 함수가 아닙니다.

오른쪽은 '$x = a$', 즉 x축에서 어느 값을 골랐더니 y가 1개가 아니라 3개 나오므로 함수라고 할 수 없습니다. 왼쪽처럼 꼭 식으로 표현할 필요는 없지만, '식으로 나타낼 수 있으면 편리'합니다.

오른쪽과 같은 식이 있다고 합시다.

이 책에서는 다룬 적이 없는 형태입니다. 뭔지 잘 모르겠다면 손부터 움직여봅시다.

$$y = \frac{1}{x+2}$$

x	0일 때	1일 때	2일 때
y	$\frac{1}{2}$	$\frac{1}{3}$	$\frac{1}{4}$

y가 점점 작아진다는 것을 알 수 있다.

⬇ x가 음수일 경우도 알아보자.

x	−1일 때	−2일 때
y	1	$\frac{1}{0}$?!

1은 0으로 나눌 수 없다. (51쪽 참고) 이상한 일이 생겼다!

⬇ x가 −1과 −2 사이일 때를 더 알아보자.

x	-1.5일 때	-1.9일 때	-1.99일 때
y	$\dfrac{1}{0.5}=2$	$\dfrac{1}{0.1}=10$	$\dfrac{1}{0.01}=100$

갑자기 y가 커졌다.

⬇ x가 -2보다 작다면?

x	-2.01일 때	-2.1일 때	-2.5일 때	-3일 때	-10일 때
y	$-\dfrac{1}{0.01}=-100$	$-\dfrac{1}{0.1}=-10$	$-\dfrac{1}{0.5}=-2$	-1	$-\dfrac{1}{8}$

이렇게 수수께끼의 식은 ($x=-2$ 이외에서는) x가 정해지면 y값이 하나 정해지는 관계이므로 함수라고 할 수 있습니다. 그리고 그래프를 그리면 함수가 더 잘 보입니다. 이 식을 그래프로 그려보면 다음과 같습니다.

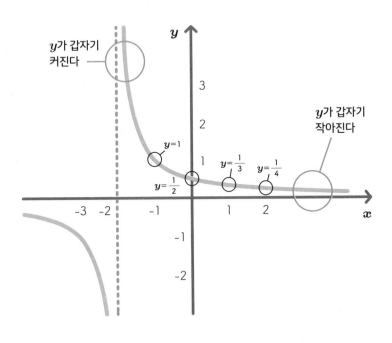

이 함수와 그래프는 고등학교에서 배우는 것입니다.

'방정식의 길'에서도 말했듯이 중요한 것은 $y = \dfrac{1}{x+2}$ 라는 함수의 의미를 몰라도 그래프를 그릴 수 있다는 겁니다. 잘 몰랐던 것을 그래프로 나타내면 새롭게 보이는 것들도 많지요.

예를 들어 아직 해보지 않은 '$x = -5.25$'의 경우 계산은 귀찮지만 그래프를 보면 y의 값을 상상할 수 있습니다. 또한 '$x = -2$'에 대한 y값은 존재하지 않습니다. 전후를 비교해보면 '$x = -1.99$'일 때 '$y = 100$'이고, '$x = -2.01$'일 때 '$y = -100$'입니다. 그러므로 x가 2보다 작으면 그래프 모양이 한없이 길어진다는 상상도 할 수 있습니다.

상상하는 것이 곧 예측하는 것이며 함수와 그래프가 가진 '마음' 중 하나입니다. 왜 함수와 그래프를 배워야 하느냐고 묻는다면 "예측하고 싶어서"라고 합니다.

함수의 그래프는 x와 y의 집합

학교에서 처음 배우는 함수는 비례와 반비례입니다. 우리는 보통 비례는 '$y = ax$', 반비례는 '$y = \dfrac{a}{x}$'라고 배웠습니다. 이 식들 또한 x가 정해지면 y의 값도 하나로 정해지기에 틀림없이 함수입니다.

a의 값으로 인해 기울기는 바뀔 수 있지만 대체로 이런 모양의 그래프로 나타납니다.

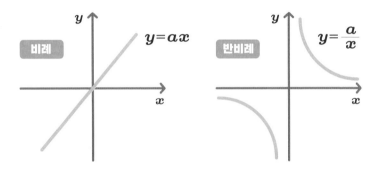

이렇게 보면 방금 전에 본 $y = \dfrac{1}{x+2}$ 이라는 함수는 반비례 그래프가 위치만 바뀐다고 할 수 있지만 중학교에서는 배우지 않습니다.

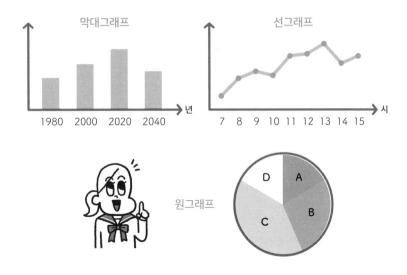

한편 그래프 하면 맨 먼저 생각나는 것은 다음과 같습니다.

막대그래프와 선그래프가 나타내는 것은 '변화', 원그래프는 '비율'입니다.

함수와 그래프의 '마음'은 예측이라고 했습니다. 그 이유는 x값이 정해지면 딱 한 가지의 y값이 정해지고 그 값들을 모은 집합이 그래프로 나타나기 때문입니다.

원그래프는 어렵지만 막대그래프나 선그래프는 예측에 쓸 수 있습니다. 그래프가 변화하는 경향을 통해 대략적인 예측이 가능합니다. 하지만 함수의 그래프와 이들을 비교하면 정확하지 않은 경우가 많습니다.(영어에서는 막대그래프, 선그래프, 원그래프 등을 차트라고 표현하며 함수그래프와 구분합니다.)

두 걸음 일차방정식은 직선, 식은 대부분 'y = ax + b'다

중학교 2학년

변화가 일정하면 일차함수

？ 문제

당신은 1000엔을 가지고 있습니다. 여기에 더해 매월 300엔씩 모으면 1년 후에는 5000엔짜리 게임을 살 수 있을까요?

이 문제에서 알고 싶은 것은 1년 후에 5000엔을 가질 수 있느냐 하는 것입니다. 돈을 저금하면 미래에는 얼마나 되는지 알고 싶을 때 함수를 이용할 수 있습니다. 왜냐하면 x가 정해지면 y도 정해지기 때문입니다. 한마디로 '시간이 정해지면 금액도 정해진다'는 것이죠.

1개월 후에 저금된 돈은 처음 가지고 있는 1000엔과 용돈 300엔을 합쳐서 1300엔입니다. 2개월 후는 300엔 늘어서 1600엔입니다.

이것을 그래프로 나타내면 다음과 같습니다.

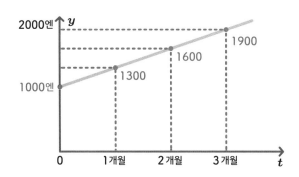

126

그래프가 오른쪽 위로 증가합니다. 이 그래프를 1년 후, 즉 12개월까지 쭉 늘려나가면 예상 저금 액수를 알 수 있습니다. 그래프를 식으로 만들 수 있다면, 그 식으로 답을 구하면 됩니다.

't가 1 늘어날 때마다 저금 액수 y는 300씩 늘어난다.' ➡ 즉 "$y = 300t$"구나' ➡ '처음에 1000엔을 가지고 있으니 "$y = 300t + 1000$"이구나!' 하고 생각할 수 있습니다.

'$y = 300t + 1000$'에서 1개월에 상당하는 t가 1로 정해진다면 저금 금액 y는 1300이라는 계산을 할 수 있습니다.

그렇다면 12개월 후의 저금 금액은 얼마가 될지 알아봅시다. t에 12를 대입하고 계산하면 4600엔이라는 것을 예측할 수 있습니다.

저금만 해서는 5000엔짜리 게임을 사기에 조금 모자랍니다. 하지만 현실에서는 세뱃돈을 받을 수도 있으니 어쩌면 살 수 있을지 모릅니다.

이와 같이 늘어나든 줄어들든 변화가 일정한 함수를 '일차함수'라고 합니다. **변화가 일정하므로 그래프는 직선이 됩니다. 반대로 그래프가 직선이면 대부분 일차함수로 표현할 수 있습니다.**

그래프를 식으로 나타내면 계산이 가능합니다. 예를 들어 1만 엔을 모으기까지 몇 개월 걸리는지도 알 수 있습니다. 저금 금액 y가 10000이니 일차방정식 '$10000 = 300t + 1000$'을 풀면 '$t = 30$'입니다. 30개월 저금하면 되겠네요.

'y=ax+b'로 표현할 수 없는 직선이란?

그래프가 직선이면 대부분 일차함수로 표현할 수 있다고 했습니다. 이것을 일반화하면 '**평면상의 직선은 대부분 $y=ax+b$라는 일차함수로 표현할 수 있습니다.**' 하지만 단 하나의 예외가 있기에 '대부분'이라고 말씀드린 것입니다. 그 예외가 무엇인지 아셨나요? 그래프로 생각해봅시다.

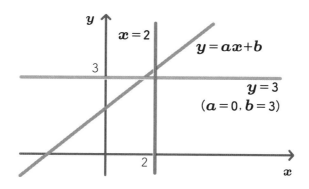

'$y=ax+b$'는 이 그래프에서 기울어진 직선을 말합니다. 예를 들어 '$a=0$, $b=3$'에서 '$y=3$'이 됩니다. 이 그래프는 x축과 평행인 직선으로 표현할 수 있습니다.

그런데 '$y=3$'이 함수라고 생각하시나요? 사실은 이것도 변화하지 않음을 나타내는 함수입니다.

그렇다면 '$x=2$'를 나타내는 y축과 평행하는 직선은 어떨까요? 이 그래프는 어떻게 보아도 직선이지만 a와 b가 어떤 값을 갖더라도 y가 변화하지 않는 한 직선 '$y=ax+b$'는 '$x=\bigcirc$'이라는 형태가 될 수 없습니다.

따라서 한 가지 예외가 있기 때문에 '$y=ax+b$'는 거의 평면상의 직선을 나타낼 수 있습니다.

　또 이상한 이야기를 했다고 생각할 수도 있습니다. 이 문제의 복선은 차츰 이해하게 될 테니 예외도 잘 알아두시기 바랍니다.

　참고로 '$b=0$'일 때 '$y=ax$'가 됩니다. 이는 일정 비율로 y가 증가하는 **비례를 표현하는 식입니다.**

세 걸음 일차방정식을 그래프로 풀어보자

일차방정식을 연립일차방정식으로!?

'한 걸음'에서 함수의 그래프는 'x의 값이 정해지면 단 하나의 y값이 정해지고, 이들을 모은 집합이다'라고 말했습니다.

그렇다면 '그래프는 방정식 근의 집합'이라는 관점도 가능합니다.

? 문제

$$5x+7=3x+10$$

색다를 게 없는 일차방정식이니 쉽게 풀 겁니다. 좌변으로 '모르는 수 x'를, 우변에 정수를 이항하면 '$5x-3x=10-7$'입니다. 이대로 계산하면 '$2x=3$'이 됩니다. 그리고 양변을 2로 나누면 $x=\dfrac{3}{2}$이 답입니다. 이 간단한 방정식을 그래프로 풀어본다고 했지만 이 방정식에 y가 없다는 의문이 들었다면 매우 지당하신 말씀입니다.

나의 체크

$5x+7=3x+10$ ← 이 식이 성립하므로

$5x+7=3x+10=y$ ← 둘 다 y와 같다고 하자.

$\begin{cases} y=5x+7 \\ y=3x+10 \end{cases}$ ← 일차방정식을 연립일차방정식으로 억지로 바꿔보기

이렇게 생각해보니 일차방정식이 연립일차방정식으로 바뀌었습니다. 그리고 연립일차방정식은 각각의 식이 모두 일차함수인 셈이지요.

그러면 이 일차함수를 그래프로 나타내봅시다.

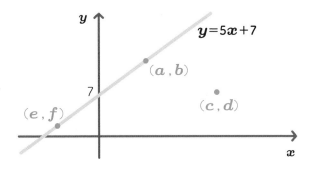

'$y=5x+7$'상에 있는 점 (a, b)와, 그렇지 않은 점 (c, d)의 차이가 무엇일까요? (a, b)는 '$b=5a+7$'의 관계가 성립하는 점이고, (c, d)는 '$d=5c+7$'가 성립하지 않는 점입니다. 또한 점 (e, f)도 '$y=5x+7$'상에 있으므로 '$f=5e+7$'의 관계가 성립합니다.

예를 들어 '$y=12$'이면 '$y=5x+7$'는 '$12=5x+7$'이라는 일차방정식이 됩니다. 아무런 의문 없이 풀 수 있습니다. 하지만 그래프상에서 '$y=12$'란 무엇을 뜻할까요? 바로 x와 평행하는 직선입니다. 이런 경우에 모르는 수 x는 무엇일까요? 이것이 방정식의 문제입니다. 답은 직선 '$y=5x+7$'와 직선 '$y=12$'가 만나는 점의 x값입니다. 그러므로 정답은 '$x=1$'입니다.

일차방정식은 2개의 함수로 이루어져 있습니다. 그래서 일차방정식 '$5x+7=3x+10$'은 '$y=12$'가 아닌 '$y=3x+10$'이 되었습니다. 두 직선의 교점인 x값이 이 방정식의 근입니다.

그래프를 방정식의 답이라고 보는 진짜 의미

직선이 서로 만나는 x의 값이 답이라는 사실은 알았지만 이대로는 정확한 수를 알 수 없습니다.

그래서 '$x = 5$'라고 하면 '$y = 5x + 7$'의 직선상에서는 '$y = 32$'입니다. 그리고 '$y = 3x + 10$'에서는 '$y = 25$'이므로 일치하지 않습니다.

그렇다면 '$x = 1$'일 때는 어떨까요? 이 경우는 2개의 일차함수 y가 12와 13이 되므로 '$x = 5$'일 때보다 일치에 가까워졌습니다.

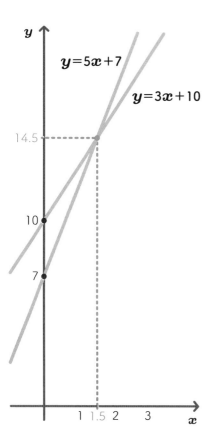

'$x = 2$'인 경우는 어떨까요? y는 17과 16이 되므로 '$x = 1$'과 같이 오차는 1입니다.

답이 '$x = 1$'과 '$x = 2$' 사이까지 좁혀졌습니다. 그렇다면 중간인 '$x = 1.5$'인 경우는 어떨까요? 이 경우는 일차함수 y가 모두 14.5가 되었으므로 일치합니다.

'$5x + 7 = 3x + 10$'의 답은 '$x = 1.5$'라는 같은 답이 나오므로 두 식을 등호로 묶을 수 있지요.

1.5를 분수로 나타내면 $\frac{3}{2}$이므로, 방정식으로 풀었을 때와 같은 답이 나왔습니다.

정리하면 그래프는 방정식의 답들의 집합이라고 했던 것도 이런 이유입니다.

일차함수 '$y = 5x + 7$'에서 y가 12면 방정식의 답은 '$x = 1$'입니다. 그리고 y가 '$3x + 10$'이면 방정식의 답은 '$x = 1.5$'입니다. 물론 '$x = 1$'일 때의 답인 '$y = 12$', '$x = 1.5$'일 경우의 답인 '$y = 14.5$'는 모두 '$y = 5x + 7$'의 그래프상에 있는 점이 된다는 말입니다.

일차방정식과 일차함수는 식의 형태는 닮았지만 서로 다른 것입니다. 시원찮지만 방정식은 모르는 수를 특정하는 데 목적이 있습니다. 하지만 함수는 방정식과 달리 모든 가능성의 집합을 그래프로 나타낸 것입니다.

그래프로 방정식을 푸는 데 있어서 일차방정식은 오히려 더 복잡하고 환영할 만한 풀이법이 아닙니다. 하지만 삼차방정식, 사차방정식 등 정말 어려운 방정식에서도 쓸 수 있는 방법입니다. 오히려 **터무니없는 방정식일수록 답을 예측할 수 있는 매우 강력한 '무기'**입니다.

➕ 수학 칼럼

이진 탐색

이번 문제에서 그래프가 교차하는 점을 예측할 때 '$x = 1$'과 '$x = 2$' 사이를 조사했더니 바로 정답인 1.5에 도달했습니다. 이런 방식으로도 답이 나오지 않고, 그러면서도 특정 두 수 사이에 무조건 답이 있다는 것을 안다면, 예를 들어 1.5와 2 사이인 1.75를 조사하는 식으로 범위를 좁혀나갑니다.

이런 방식을 '이진 탐색'이라고 하는데, 알아두면 좋은 방법입니다. 중간을 조사함으로써 계속 2배 정확한 답을 얻어나가면 오차 또한 반으로 줄여나갈 수 있기 때문입니다.

모든 직선을 나타내는 'ax + by = c'

이번 주제는 연립방정식을 그래프로 푸는 방법에 대한 이야기입니다.

❓ 문제

$$\begin{cases} 3x + 2y = 8 \\ 5x + y = 10 \end{cases}$$

위의 두 식을 각각 '$y =$'의 형태로 만들면 '세 걸음'에서 다룬 내용과 같아집니다. 물론 이번에는 다른 이야기를 하겠습니다.

그래서 먼저 '$3x + 2y = 8$'을 직선으로 나타내는 것을 생각해보시기 바랍니다. '$y = -\dfrac{3}{2}x + 4$' 이렇게 일차함수의 일반 형태로 변환할 수 있습니다.

'$3x + 2y = 8$'을 일반화한 '$ax + by = c$'의 형태도 직선이라고 할 수 있습니다.

게다가 이런 형식이면 '평면상의 직선은 모두 $ax + by = c$이라는 일차함수로 나타낼 수 있습니다.' 대부분이 아니라 모두입니다. '$y = ax + b$' 형태로는 나타낼 수 없었던 '$x = ○$'라는 직선도 '$b = 0$'일 경우에는 '$x = \dfrac{c}{a}$'로 나타낼 수 있기 때문입니다.

그리고 '$ax + by = c(a \neq 0$ 또는 $b \neq 0)$' 형태가 직선임을 알고 있다면 간단히 그래프를 그릴 수 있습니다.

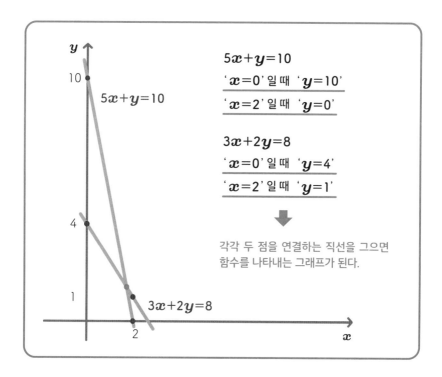

$$5x+y=10$$

'$x=0$'일 때 '$y=10$'

'$x=2$'일 때 '$y=0$'

$$3x+2y=8$$

'$x=0$'일 때 '$y=4$'

'$x=2$'일 때 '$y=1$'

각각 두 점을 연결하는 직선을 그으면
함수를 나타내는 그래프가 된다.

두 직선이 교차하는 점이 연립일차방정식의 답이 됩니다.

실제 답은 '세 걸음'과 똑같이 이진 탐색으로 점점 좁혀나가면서 구할 필요가 있지만 여기서 **중요한 점은 '$ax+by=c$'도 직선이라는 사실을 아는 것입니다.** 그러면 단 두 점만 알아내도 연립일차방정식의 답에 다가갈 수 있습니다.

'x가 정해지면 y의 값이 하나 정해진다'는 함수의 발상을 넘어서 '직선'이라는 그래프의 세계만으로도 풀어냈습니다.

또한 풀이법을 알려드리고자 한 것이니 여기서 문제를 풀지는 않겠습니다. 그러므로 꼭 '그래프 해법'으로 문제에 도전해보시기 바랍니다.

정답은 이렇습니다. '$x = \dfrac{12}{7}$, $y = \dfrac{10}{7}$'

일차방정식과 같은 절차로 풀어도 된다

앞에서 일차방정식과 연립일차방정식을 그래프로 풀었습니다. 그렇다면
'이차방정식도 그래프로 풀어볼까?' 하는 의욕이 솟아오르지 않았나요?

? 문제

$$x^2 - 4x + 2 = 0$$

이 이차방정식은 인수분해할 수 없습니다. 그러니 어쩔 수 없이 '$x = \dfrac{-b \pm \sqrt{b^2 - 4ac}}{2a}$', 즉 근의 공식을 이용해서 풀 수밖에 없습니다. 그대로 계산하면 답은 '$x = 2 \pm \sqrt{2}$' 형식의 무리수가 나옵니다.

그렇다면 그래프로 푸는 방법은 무엇일까요? 방식은 일차방정식과 같습니다.

$$x^2 - 4x + 2 = 0 = y \quad \leftarrow \text{각각 } y\text{와 같다고 가정한다.}$$

$$\begin{cases} y = x^2 - 4x + 2 \\ y = 0 \end{cases} \quad \leftarrow \text{연립이차방정식으로 바꾸기}$$

우리는 아직 연립이차방정식을 잘 모릅니다. 그래서 그래프로 나타내면 다음과 같습니다.

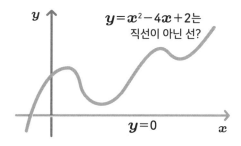

$y = x^2 - 4x + 2$는
직선이 아닌 선?

$y = 0$

먼저 '$y = 0$'의 형식은 x축과 겹치는 직선입니다. 그렇다면 '$y = x^2 - 4x + 2$' 식은 어떤 그래프가 될까요? '$y = ax + b$'나 '$ax + by = c$' 형식처럼 일차함수는 아니기에 직선이 아닌 곡선일 수도 있습니다.

그리고 '$y = x^2 - 4x + 2$'는 x가 정해지면 y값도 정해지는 함수입니다. 그러면 이제까지 해왔던 것처럼 손을 직접 움직여가면서 값을 구하면 됩니다.

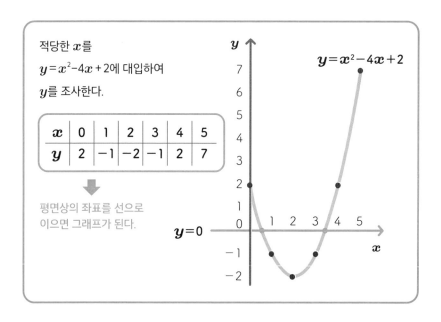

적당한 x를
$y = x^2 - 4x + 2$에 대입하여
y를 조사한다.

x	0	1	2	3	4	5
y	2	-1	-2	-1	2	7

평면상의 좌표를 선으로
이으면 그래프가 된다.

$y = 0$

$y = x^2 - 4x + 2$

이 절차를 따르면 '$y=0$'과 겹치는 좌표가 2개 있음을 알 수 있습니다. 하나는 '$x=0$'과 '$x=2$' 사이에 있으며, 또 하나는 '$x=2$'와 '$x=4$' 사이에 있습니다.

그렇다면 이진 탐색(133쪽)으로 '$x=0$'과 '$x=2$'의 중간인 '$x=1$'일 경우를 생각해보고자 합니다. 앞의 표에서 구한 대로 '$y=-1$'이므로, 이차함수와 y축의 교점은 '$x=0$'과 '$x=1$' 사이에 있음을 알 수 있습니다. 그렇다면 이제 그 중간인 '$x=\dfrac{1}{2}$'인 경우를 알아봅시다.

$x=\dfrac{1}{2}$ 일 때 $\Rightarrow$ $y=\left(\dfrac{1}{2}\right)^2-4\times\dfrac{1}{2}+2=\dfrac{1}{4}-2+2=\underline{\dfrac{1}{4}}$

y는 양수가 되었으므로 교차하는 좌표는 '$x=\dfrac{1}{2}$'와 '$x=1$' 사이에 있다.

다음은 그 중간인 '$x=\dfrac{3}{4}$'일 경우를 조사한다.

$x=\dfrac{3}{4}$ 일 때 $\Rightarrow$ $y=\left(\dfrac{3}{4}\right)^2-4\times\dfrac{3}{4}+2=\dfrac{9}{16}-3+2=\underline{-\dfrac{7}{16}}$

y는 음수가 되었으므로 교차하는 좌표는 '$x=\dfrac{1}{2}$'와 '$x=\dfrac{3}{4}$' 사이에 있다.

다음은 그 중간인 '$x=\dfrac{5}{8}$'일 경우를 조사한다.

$x=\dfrac{5}{8}$ 일 때 $\Rightarrow$ $y=\left(\dfrac{5}{8}\right)^2-4\times\dfrac{5}{8}+2=\dfrac{25}{64}-\dfrac{5}{2}+2=\underline{-\dfrac{7}{64}}$

---

y는 마이너스가 되었으므로, x는 $\dfrac{1}{2}$과 $\dfrac{5}{8}$ 사이에 있음을 알 수 있습니다. 하지만 그 이상은 계산하기 어려우니 다음은 컴퓨터를 이용하여 더욱 정확한 x의 값을 찾아낼 수 있습니다. 하지만 근의 공식에서 풀었듯이 x는 무리수이므로 영구히 y가 0이 되는 유리수 x는 존재하지 않습니다.

이 사례에서 중요한 것은 $\frac{1}{2}$을 소수로 바꾸면 0.5이고, $\frac{5}{8}$는 0.625이지만, 거의 오차 범위 내에 y가 0이 되는 x가 하나 있다는 사실을 알아내는 것입니다.

또한 근의 공식을 이용하여 '$x = 2 \pm \sqrt{2}$'라는 답만 내고 끝내기보다 방금 한 방식을 거치면 이 답이 거의 0.5쯤에 교차하는 좌표가 있음을 알 수 있습니다. 이렇게 답으로 내놓은 무리수를 직관적인 숫자의 감각으로 이해한다면 그래프를 통해 가까운 답을 찾아내는 이점이 생깁니다.

물론 이 방법은 '정답'만을 요구하는 시험이나 입시에서는 쓸 수 없습니다. 하지만 x값이 정해지면 y값도 하나만 정해진다는 함수의 대전제를 알고 있다면, 아무리 난해하고 불규칙한 식이어도 그래프로 나타내기만 하면 정답에 가까운 답을 찾을 수 있습니다. 이런 사고방식이 가능하면 정답이 없는 사회 문제를 풀 수 있습니다.

이차함수의 그래프는 포물선이다

'$y = x^2 - 4x + 2$' 식의 그래프에서 또 하나 중요한 사실을 알 수 있습니다. 이 그래프는 '$x = 2$'를 축으로 하는 좌우대칭이라는 것입니다.

그렇다면 '$x = 2$'와 '$x = 4$' 사이에 있어야 할 또 하나의 답은 3에서 0.5 정도 더한 위치인 대략 3.5임을 알 수 있습니다. 이러한 그래프를 포물선이라고 합니다. 앞에서 포물선은 고교 물리에서 배운다고 했습니다.

이때 '이차방정식처럼'이라고 말했는데, 정확히 말하면 '이차함수'입니다. $a \neq 0$일 때 이차함수 '$y = ax^2 + bx + c$'는 위아래를 향하는 포물선으로 표현할 수 있습니다. 반대로 그런 포물선이 있다면 이차함수로 표현할 수 있습니다.

여기서 '함수와 그래프의 길'은 마무리됩니다. 이 '길'은 그래프의 각종 사용법이 곧 '무기'라는 것부터 시작했습니다. 그러므로 요점은 그래프 위주로 정리하면 됩니다.

가장 먼저 함수의 그래프는 예측할 때 쓸 수 있습니다. 일차함수에서는 직선, 이차함수에서는 포물선 그래프가 되기 때문입니다.

다음은 그래프를 이용하여 방정식을 풀 수 있습니다. 방정식은 2가지 함수로 이루어져 있다는 관점으로 그래프의 교차점에서 답을 구했습니다.

마지막으로 **평면상에 직선을 그리고 싶은 '마음'이 있다면 일차함수, 포물선을 그리고 싶은 '마음'이 있다면 이차함수를 이용하면 됩니다.**

그래프는 크게 묶어서 보면 도형입니다. 고교 수학에서 배우는 함수를 이용하면 평면상에 원이나 타원과 같은 도형을 그릴 수도 있습니다.

현실에서는 예를 들어 고속도로 출입구의 커브처럼 적절한 곡선을 함수로 그려보고 이를 실제 건축에 적용합니다.

이차함수

방금 다룬 '$y = x^2 - 4x + 2$'의 포물선은 고등학교에서 배우는 그래프입니다. 그렇다면 중학교에서 다루는 포물선은 어떨까요? 일반적으로 '$y = ax^2 + bx + c$'에서 '$b = 0$', '$c = 0$'일 때의 이차함수 '$y = ax^2$'이 대부분입니다.

이 식을 그래프로 나타내면 다음과 같습니다.

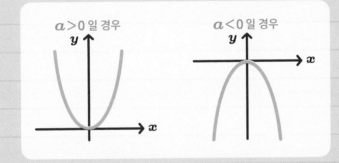

꼭짓점이 원점 ($x = 0$, $y = 0$)과 겹치는 포물선입니다. 이와 다르게 $x^2 - 4x + 2 = 0$의 꼭짓점은 원점이 아닌 ($x = 2$, $y = -2$)입니다.

중학교에서 자주 나오는 관련 문제는 '$y = ax^2$'으로, 그래프의 특정 범위에서 최댓값과 최솟값을 구하거나, 직선과 교차하는 좌표를 구하는 것입니다. 하지만 방정식과 함수와 그래프의 관계를 이해하고 있다면 두려워할 필요 없습니다.

한 걸음　　삼각형의 '합동'과 '닮은꼴'의 뜻을 생각하기　　　　　　(초등학교~중학교 3학년)

두 걸음　　삼각형이 합동이 되는 조건을 유도하기　　　　　　　　　　(중학교 2학년)

세 걸음　　삼각형의 닮은꼴 조건은 합동을 기반으로　　　　　　　　　(중학교 3학년)

네 걸음　　도형의 성질을 알면 수치를 알 수 있다　　　　　　　　　　(중학교 3학년)

다섯 걸음　정사각형의 넓이로 모든 도형의 넓이를 구할 수 있다　　(초등학교, 고등학교)

여섯 걸음　삼각형의 넓이 공식의 증명과 다각형으로의 응용　　　　　　　(초등학교)

일곱 걸음　원 넓이의 '한없이 올바른 설명'　　　　　　　　　　　　　　　(초등학교)

여덟 걸음　마무리로 '피타고라스의 정리'를 증명하기　　　　　　　　　(중학교 3학년)

아홉 걸음　닮은꼴이면 비율로 겉넓이와 넓이를 알 수 있다　　　　　　(중학교 3학년)

제4장

도형의 길

$a+bi$

a b c

'똑같다'는 말은 무엇일까?

삼각형에는 정삼각형, 이등변삼각형, 직각삼각형이 있고, 사각형에는 정사각형, 직사각형, 사다리꼴, 평행사변형, 마름모꼴 등이 있습니다. 원이나 공 모양은 물론 하트 모양이나 그래프도 도형입니다. 세상에는 실로 많은 도형이 넘쳐납니다.

여기에서는 무수한 도형들 중에서 '똑같은 모양이란 무엇일까?'라는 주제부터 시작하고자 합니다.

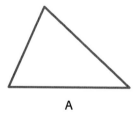
A

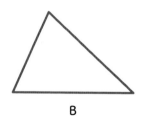
B

두 삼각형은 똑같을까요? 언뜻 똑같아 보입니다. 하지만 두 삼각형에 각각

'A' 'B'라는 이름을 붙이는 순간 어떻게 될까요? 위치도 다르고 이름도 다르지만 '똑같은' 삼각형입니다.

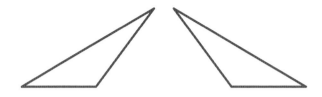

그렇다면 이 두 삼각형은 어떨까요? 이것도 같아 보입니다. 왜냐하면 좌우를 반전시키면 같기 때문입니다. 움직여서 겹쳐보면 수학적인 의미에서는 아니지만 일반적으로 같다고 할 수 있습니다. 그렇다면 '움직인다'라는 말을 한 번 더 생각해보려고 합니다. 다음 그림은 어떤가요?

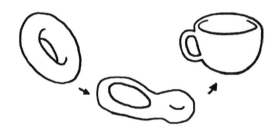

도넛과 머그잔입니다. 모양이 완전히 달라 보입니다. 하지만 이들을 찰흙으로 만들어냈다면 어떨까요? 도넛 구멍을 잘 뭉개서 손잡이를 달면 머그잔 모양이 되지 않을까요? 이 둘의 관계를 토폴로지(Topology), 즉 위상동형(位相同型)이라고 합니다. 찢거나 깎지 않고 움직일 수 있는 범위 내에서 모양을 변형해도 같은 도형으로 보이는 것입니다. 따지고 보면 이 또한 움직였다고 말할 수 있지요. 하지만 이런 개념을 다루는 위상기하학은 적어도 대학 수학에서나 접할 수 있는 이야기입니다.

이 책에서 말하는 '수학적'으로 움직인다는 것은 회전(돌리기), 평행이동(위치 바꾸기), 반전(뒤집기)입니다. 이 3가지 방법으로 움직였을 때 같은 도형을 수학적으로 '합동'이라고 합니다.

앞에서 말한 똑같은 조건 중에 가장 엄격한 것이 첫 번째 조건입니다. 위치도 이름도 다르면 다른 도형으로 취급했기 때문이죠. 하지만 합동은 이보다 덜 엄격합니다. 위상동형은 심지어 모양이 달라도 되니 합동보다 덜 엄격합니다.

요약하면 '똑같다'고 해도 정도의 차이가 있습니다. 우선 이 부분을 확실히 알아두도록 합시다.

합동이라는 개념의 연장선으로 '닮은꼴'이 있습니다. 이것은 확대나 축소해서 합동이 되면 똑같다고 보는 것입니다.

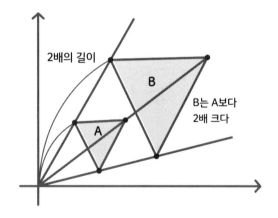

이처럼 평면상에 삼각형을 그리고 각 좌표에서 2배씩 늘린 점을 이으면 확대된 삼각형이 만들어집니다. 이때 두 삼각형은 '닮은꼴'이라고 할 수 있습니다.

합동이나 닮은꼴도 우리 일상에서 흔히 볼 수 있습니다. 예를 들어 보도블럭은 타일이 합동이 아니었다면 건축폐기물에 불과했을 것입니다. 볶음밥 한 그릇과 볶음밥 반 그릇은 닮은꼴입니다. 그래서 '어떻단 말인가'라고 생각하시겠지요. 닮은꼴이기 때문에 알 수 있는 것들도 있다는 뜻입니다. 이 이야기는 나중에 설명하겠습니다.

증명이 가진 의의와 삼각형만 계속 다루는 이유

사실 합동은 딱 보면 알 수 있습니다. 일상에서 상대도 맞장구를 쳐준다면 문제없을 겁니다. 하지만 누군가 조금 어긋난 게 아니냐고 하면 어떨까요? 이 럴 때 수학을 이용해서 누구나 납득할 수 있게 설명할 수 있습니다. '논리와 증명의 길'에서 자세히 설명하겠지만, 수학을 이용한 논리적인 설명 능력은 수학을 배우는 데 매우 중요합니다.

어떤 주장을 할 때 수학적으로 반론의 여지가 없는 설명을 '증명'이라고 합 니다. 증명에는 전용 '무기'가 있습니다. 학교 교육에서는 지금부터 말씀드릴 '삼각형의 합동 증명'부터 익숙해져야 합니다.

원래 중학교에서는 줄곧 삼각형 이야기만 합니다. 여기에는 다 이유가 있습 니다.

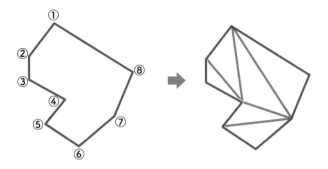

예를 들어 이 그림과 같이 똑같아 보이는 팔각형이 있습니다. 두 도형이 합

동인지를 증명해야 할 때, 팔각형 그대로 비교하는 것이 아니라 오른쪽 그림처럼 꼭짓점끼리 잇는 대각선을 그어 여러 개의 삼각형을 만듭니다. 이렇게 각각 삼각형의 합동을 증명하면 복잡한 팔각형의 합동도 증명할 수 있습니다.

즉, **삼각형의 성질을 안다는 말은 곧 다각형을 아는 것입니다. 그러므로 삼각형을 알면 다각형도 안다**고 할 수 있지요. 이것이 삼각형의 성질을 공들여 알아보는 이유입니다.

두 각이 같다면 변은 어디까지 줄일 수 있을까?

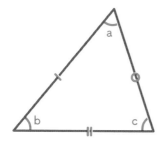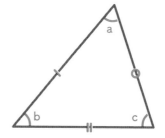

두 삼각형은 세 변의 길이와 세 각의 각도가 모두 같습니다. 이런 경우 같은 삼각형, 즉 '합동 관계'라고 합니다. 하지만 수학자들은 합동을 증명하는 데 세 변의 길이와 세 각의 각도를 모두 합쳐 6개 요소를 다 확인하기는 귀찮다는 '마음' 때문에 되도록 조건을 줄이고자 했습니다.

우선 합동을 증명할 때 세 각의 각도는 2개로 줄일 수 있습니다. 왜냐하면 '삼각형의 내각의 합은 180°'이기 때문입니다. 삼각형의 두 각의 각도가 결정되면 남은 하나는 저절로 정해집니다. 180°에서 두 각을 빼면 되니까요.

비교할 요소를 '세 변의 길이와 세 각의 각도'에서 '세 변의 길이와 두 각의 각도'로 줄일 수 있습니다.

그렇다면 두 각이 같을 때는 변의 조건을 어디까지 줄일 수 있는지 생각해 봅시다. 변의 길이는 제각각인데 두 각이 같은 '0변 2각'이면 어떨까요?

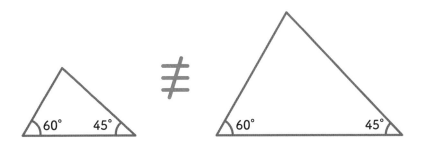

이 그림을 보면 간단하게 합동이 아님을 알 수 있습니다. 그렇다면 '1변 2각'은 어떨까요?

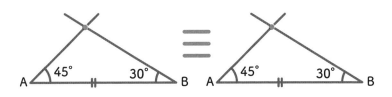

이 경우는 점 A가 점 B에서 늘어나는 직선은 같은 점에서만 만나므로 두 삼각형은 합동입니다. 그렇다면 다음 조건은 어떨까요?

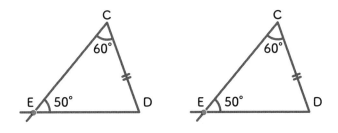

앞선 경우와 다르게 같은 길이의 한 변에서 같은 각도가 하나밖에 없습니다. 이 경우도 점 C와 점 D는 같은 길이와 각도로만 만나므로 결과적으로 점 E와 만납니다.

'3변 3각'에서 '1변 2각'까지 줄었습니다. 따져야 하는 조건이 줄어든 만큼 편해졌지요.

하나의 각이 같을 경우 변의 조건은 어디까지 줄일 수 있을까?

각도의 조건을 더 줄여봅시다. 하나의 각이 같을 경우 변의 조건을 어디까지 줄일 수 있을지 생각해봅시다. 먼저 '0변 1각'의 조건은 앞에서 '0변 2각'이 합동의 조건이 아니었으니 이 경우보다 더 적은 조건으로는 합동이 성립하지 않습니다.

그렇다면 '1변 1각'이 같을 경우는 어떨까요?

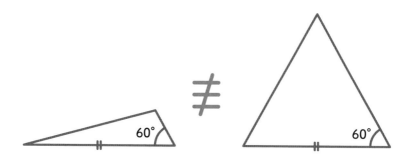

이 또한 합동이 성립하지 않는 경우입니다. 다음은 '2변 1각'을 알아봅시다.

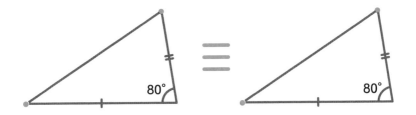

두 변의 길이와 하나의 각이 같다면 남은 두 점을 잇기만 하면 합동인 삼각형이 만들어집니다. 그러므로 '2변 1각'은 합동 조건이 될 수 있습니다.

하지만 다음 그림을 보면 이 조건에는 함정이 있습니다.

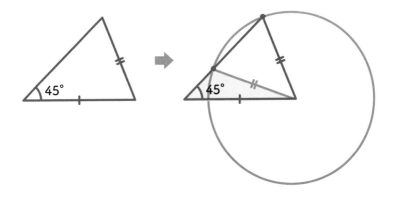

이와 같이 각 하나가 같더라도 그 각이 두 변 사이에 있지 않은 경우를 생각해봅시다. 오른쪽 그림과 같이 원을 그리면 하나의 점이 아닌 2개의 점에서 만날 가능성이 있습니다. 이 경우는 두 종류의 삼각형이 만들어질 가능성이 있으므로 꼭 합동이라는 보장이 없습니다.

그러므로 '2변 1각'이 합동이 되려면 두 변과 그 사이에 있는 각도 하나가 같아야 합니다.

다음은 각도의 조건을 더욱 줄여서 '0각'으로 생각해봅시다. '2변 이하 0각'은 예외가 너무 많습니다.

두 변이 같아도 각도에 조건을 걸지 않으면 합동이 되지 않습니다. 하지만 세 변이 같을 경우 '3변 0각'은 어떨까요?

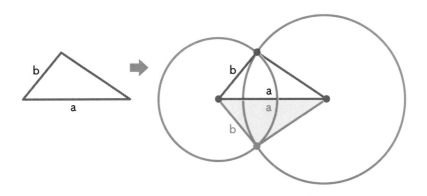

같은 길이의 세 변 중에서 두 변을 각각 a, b로 놓으면 오른쪽 그림과 같이 삼각형이 되기 위한 점이 2개 있다는 사실을 알 수 있습니다. 하지만 방금 살펴본 '2변 1각'과 달리 두 삼각형은 한쪽을 뒤집어보면 겹치므로 다른 삼각형이라고 할 수 없습니다.

그러므로 세 변의 길이가 모두 같다면 합동이 됩니다.

수학 문제의 지문에서 예를 들어 '변의 길이가 5cm, 8cm, 10cm'와 같은 조건이 주어지는 경우가 있습니다. 과연 이 조건으로 만들어질 수 있는 삼각형은 하나만 있는지, 또 다른 경우가 있는지 궁금하지 않으셨나요? 바로 앞에서 이에 대한 증명을 보여드렸습니다. 이에 대한 결론은 세 변의 길이가 정해진 삼각형은 무조건 한 가지밖에 나올 수 없다는 것입니다.

하지만 아무리 세 변의 길이가 주어졌다고 해도 '1cm, 8cm, 10cm'와 같은 조건으로는 (가장 긴 변의 길이가 나머지 두 변을 합친 길이보다 크므로) 삼각형 자체가 만들어질 수 없습니다. 어디까지나 **정상적으로 삼각형이 만들어지는 조건**이어야 한다는 뜻입니다.

반례가 없는 논리가 곧 증명

AAS합동, SAS합동, SSS합동(A는 각, S는 변) 등과 같이 방금까지 알아본 삼각형의 합동 조건을 주문처럼 외우는 분도 있을 것입니다.

물론 이런 방법도 좋지만 3가지가 왜 합동 조건이 되었는지 이유를 꼼꼼히 확인해봤습니다. 처음은 '3변과 3각이 같다'처럼 무조건 합동이 되면서도 가장 요소가 많은 조건부터 시작합니다. 소거법으로 불필요한 변과 각을 하나씩 줄여나간 결과, 3가지 조건이 살아남았지요.

그 과정에서 정말로 예외가 없는지를 의식했습니다. 어떤 논리를 증명할 때는 예외가 있어서는 안 됩니다. 수학에서는 이러한 예외를 '반례'라고 합니다. 증명은 '반례'가 존재하는 한 틀린 논증이 됩니다.

그렇게 '2변 1각'과 '3변 0각'의 조건에서 조금 수상한 사례를 찾아볼 수 있었습니다. '3변 0각'의 조건에서는 결국 수상한 사례도 합동이라는 결론이 났지만, '2변 1각'의 조건에서 합동이 성립하려면 두 변 사이에 낀 각 하나가 같아야 한다는 추가 조건이 붙기 때문에 한정적으로만 합동이 성립될 수 있습니다.

그리고 이런 말도 할 수 있습니다. '합동 조건이 정해지면 삼각형의 종류는 딱 하나만 만들어집니다.' 예를 들어 3cm, 5cm의 두 변 사이에 낀 각이 30°인 삼각형은 하나밖에 없습니다. 또한 이런 말을 할 수 있다면 합동을 증명할 수 있지요.

합동 조건을 찾을 때처럼 조건의 개수를 줄이기

다음은 삼각형의 닮은꼴을 증명할 수 있는 조건을 알아보겠습니다.

'한 걸음'에서 말했듯이 닮은꼴이란 확대와 축소를 하면 합동이 된다는 말입니다. 그러므로 먼저 확대와 축소에 대해 설명하고자 합니다.

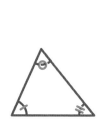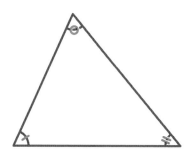

왼쪽 삼각형을 확대하면 오른쪽 삼각형이 됩니다. 확대만 하니 각도에는 변함이 없습니다. 도형이 커지든 작아지든 각도는 변하지 않습니다.

변의 길이는 어떨까요? 예를 들어 한 변의 길이가 2배로 늘어나면 남은 두 변도 똑같이 2배가 됩니다. 이와 같은 크기의 변화가 확대와 축소입니다.

이에 따라 세 변의 비율과 세 각도가 모두 같다면(확대와 축소이므로) 닮은꼴이라고 할 수 있습니다. 앞에서 합동의 조건을 줄일 때와 조금 다르게 닮은꼴을 증명할 수 있는 최대의 조건은 '3변의 비율과 3각'으로 시작하고자 합니다.

각도의 조건에 대해서 말하자면 '삼각형 내각의 합은 180°'이므로 합동과 똑같이 조건을 줄일 수 있으니 '3변의 비율과 2각'부터 검증하고자 합니다.

두 각이 같은 경우와 하나의 각만 같은 경우

대전제로 두 삼각형의 '한 변의 길이'가 같다는 말은 가능해도, '한 변의 비율이 같다'는 말은 성립되지 않습니다. 예를 들어 다음 그림과 같이 변 a와 변 b의 길이의 비율을 얘기할 때는 다른 변과 같이 비교해야 합니다. 그렇지 않으면 비율이 같다고 할 수 없습니다. 그저 서로 길이가 다른 변에 불과하지요.

그러므로 두 삼각형의 변의 비율을 비교하는 조건은 '세 변의 비율이 같다', '두 변의 비율이 같다', '비율이 모두 다르다' 3가지가 됩니다.

그러면 변의 비율이 모두 다르다고 했을 때 두 각도가 같은 경우는 어떨까요?

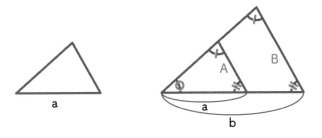

이것은 합동 조건과 비슷하게 변 하나와 두 각이 정해지면 삼각형이 완성되므로 b의 길이가 어떻든 오른쪽 그림과 같이 서로 포갤 수 있습니다. 이 경우는 변 A와 변 B는 평행이고 세 각이 모두 같습니다.

사실은 삼각형의 두 각이 정해진 시점부터 이미 세 변의 비율이 제각각일 수 없지요. 이미 확대와 축소의 관계가 만들어진 셈입니다. 그러므로 두 삼각형의 두 각이 같으면 닮은꼴 관계라고 말할 수 있습니다.

이 조건을 AA닮음이라고도 합니다.

이번에는 각 하나가 같은 경우입니다. 변의 비율이 모두 다르고 각도 하나만 같을 경우에는 합동과 똑같이 생각하면 안 됩니다. 그러면 '2변 1각'의 조건을 확인해봅시다. 먼저 다음 그림과 같이 같은 각도가 두 변 사이에 끼지 않은 경우는 어떨까요?

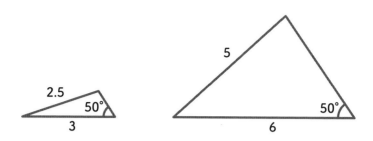

위의 두 삼각형은 두 변의 비율과 각도 하나가 같지만 나머지 두 각의 각도가 확연히 다르므로 서로 닮은꼴이라고 할 수 없습니다.

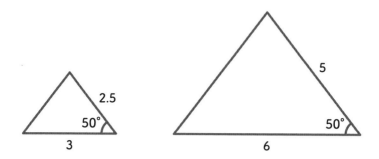

하지만 두 변의 비율이 같고 두 변 사이에 낀 각이 같다면 삼각형의 닮은꼴이 성립됩니다.

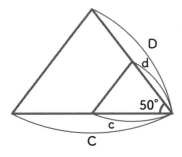

그리고 '변 C와 변 c', '변 D와 변 d'의 비율은 무조건 같을 수밖에 없으므로 '두 쌍의 대응변 길이의 비율이 같으면서 낀 각이 같으면 닮은꼴'이 성립됩니다.

이 조건은 SAS닮음이라고도 합니다. 합동 조건과 비슷하지만 여기에는 비율이 들어갑니다.

같은 각이 없으면 역시 세 변의 비율이 필요하다

마지막 조건은 '0각'입니다. 눈치 빠른 사람은 이미 느꼈을지도 모릅니다. '합동 관계의 도형은 곧 1배의 닮은꼴'이라고 볼 수 있습니다. 그러므로 합동 조건을 만족하지 않으면 닮은꼴을 증명할 수 없습니다. '0각'의 경우 역시 '두 변 이하의 비율이 같다'는 조건만으로는 닮은꼴을 증명할 수 없습니다.

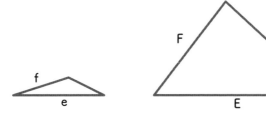

'변 E와 변 F'는 '변 e와 변 f'의 각각 2배이지만 두 삼각형이 확대와 축소의 관계가 아닌 것은 명확합니다.

마지막으로 '3변 비율 0각' 조건을 확인해봅시다.

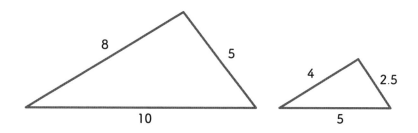

'변의 길이가 각각 5cm, 8cm, 10cm의 삼각형'을 찾으라고 하면 한 가지 밖에 나오지 않습니다. 닮은꼴에서도 세 변의 비율이 같다는 것, 즉 '세 변이 각각 2.5cm, 4cm, 5cm인 삼각형'은 위 그림처럼 확대와 축소 관계이므로 닮은꼴이라 할 수 있습니다. 이 조건을 SSS닮음이라고 합니다.

조건, 공식, 정리보다 '마음'과 과정이 중요

닮은꼴을 증명할 수 있는 조건을 살펴보았는데, '두 걸음'에서 다룬 논리와 거의 똑같은 내용입니다. 합동 관계는 닮은꼴도 되기 때문입니다.

그러므로 **닮은꼴을 증명하는 조건을 잊어도 합동의 조건을 확인하면 다시 기억할 수 있습니다.** 이는 연립일차방정식을 일차방정식으로 바꾼 것처럼 **아는 것을 이용해서 모르는 것을 알아내는 사고방식입니다.** 합동에서 통했으니 닮은꼴에도 사용해보자는 '마음'인 것이죠.

하지만 도형의 문제는 다양한 장치가 있으므로 모양으로 봐서는 정말 닮은 꼴이 맞나 하는 생각이 들기도 합니다. 그렇게 되면 증명하기도 매우 복잡해집니다. 그런 경우에도 반례가 없는 설명을 하면 됩니다. **이것은 증명의 기본입니다.** 자기가 세운 논리가 무너지면 끝나는 것이니까요.

그러므로 실전에서 이용할 '무기'로서 반례가 없는 삼각형의 합동 조건 3가지, 닮은꼴 조건 3가지를 마치 마법 주문처럼 외우면서 대비합니다. 하지만 **연습을 거쳐 익숙해지면 이 책에서 거친 증명을 다시 따라가지 않아도 결과를 기억하고 실전에서 써먹을 수 있습니다.**

공식과 정리가 가진 '마음'이 중요합니다. 이 설명이 어떻게 나왔느냐는 질문을 받았을 때 알기 쉽게 설명할 필요가 있습니다. 그러므로 **조건, 공식, 정리와 같은 결과만 볼 것이 아니라 그것이 도출된 '마음'과 과정을 기억해야 합니다.**

골인의 난이도를 수학적으로 알아보기

다양한 모양의 도형들은 저마다 각각의 성질을 가지고 있습니다.

삼각형에도 많은 성질이 있는데, 이것이 곧 삼각형의 합동이나 닮은꼴을 증명할 수 있는 수단이자 이유입니다. '도형의 길'이란 그런 도형의 성질들을 알아가는 '길'입니다.

도형의 성질을 알면 그 도형을 이용해서 여러 가지를 알아낼 수 있습니다. 예를 들어 축구 경기에서 선수가 공을 차고(슈팅하고) 일정한 폭의 골대에 넣으면 득점합니다. 이때 도형의 성질을 이용해서 골인의 난이도를 나타낼 수 있습니다.

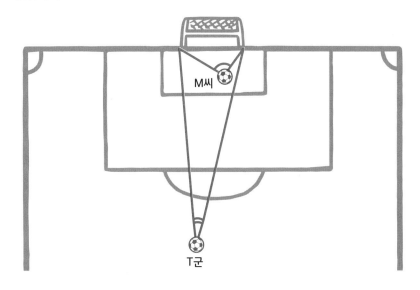

T군의 위치에서 슈팅한 경우와 M씨의 위치에서 슈팅한 경우 어느 쪽이 골인하기 더 쉬울까요? 그림을 보면 직감적으로 골대에 가까운 M씨의 위치가 골인하기 더 쉽다고 생각할 수 있습니다. 골대 양쪽 끝에서 각각의 위치까지 직선을 그어보면 각 T와 각 M이 만들어집니다. 이에 따라 '**각도가 클수록 골인하기 쉽다**'고 할 수 있습니다.

다음에는 아래와 같은 원을 그려보겠습니다.

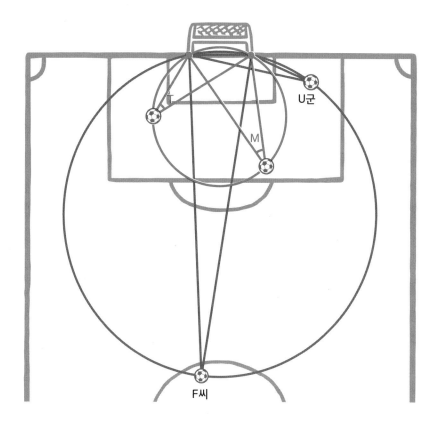

이 원은 골대의 양쪽 끝과 슈팅한 위치를 나타내는 3개의 점을 지나갑니다. 결론부터 말하면 **이 원의 둘레에서 각 T와 각 M의 각도는 같습니다.** 각도는

골인의 난이도를 나타내므로 같은 각도라면 **원의 둘레 어디에서 슈팅을 해도 난이도가 같다고 볼 수 있습니다.** 그러면 거의 골대 정면에 있지만 거리는 먼 F씨와, 골대에 가깝지만 각도가 작은 U군의 난이도가 같다는 재미있는 사실을 알 수 있습니다.

물론 실제로는 공을 차는 강도와 방법에 따라 날아가는 궤도도 변하고, 풍향처럼 자연의 영향도 있습니다. 공이 꼭 일직선으로 날아간다는 보장이 없습니다. 또한 골대의 너비와 높이도 고려해야 하므로 정확한 난이도를 말할 수는 없습니다. 다만 **수학을 현실적인 문제에 적용할 수 있는 관점을 제시했다는 사실이 중요합니다.** 원이라는 도형의 성질에서 각도라는 수치를 얻어내고, 골인의 난이도를 측정하는 방법을 생각해낸 것이지요.

숫자로 나타내면 서로 비교할 수 있습니다. 물론 축구와 상관없는 이야기입니다. 하지만 측정하거나 계산할 수 있다는 것이 중요합니다.

'원주각의 정리'의 증명과 함정

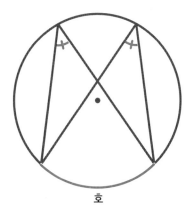

호

'앞에서 그림을 통해 '같은 원주상에 있는 각 T와 각 M은 같은 각도'라고 말씀드렸습니다. 이것이 바로 '원주각의 정리'입니다. 학교에서 배우는 대로 말하면 '하나의 원에서 같은 [호]에 대한 원주각은 일정하다'는 것입니다.

그렇다면 이 정리를 더욱 깊이 이해할 수 있도록 증명해봅시다. **이 정리를 이해하는 중요한 열쇠는 '중심점 O와 원주상에 있는 적당한 P를 이어서 늘이는 것'**입니다.

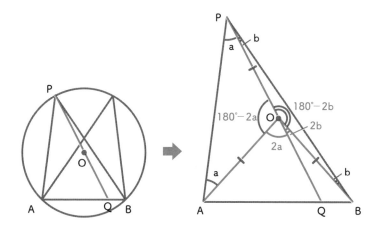

그러면 삼각형 AOP와 삼각형 BOP라는 2개의 이등변삼각형이 만들어집니다. 변 OA, OB, OP는 원의 반지름이므로 길이가 같기 때문입니다. 그리고 초등학교에서 배우는 밑변의 두 각은 일정하다는 이등변삼각형의 성질을 이용하면 각도 a는 같다고 할 수 있습니다. 이등변삼각형에서 밑변이란 길이가 같은 두 변을 제외한 나머지입니다. 그러므로 삼각형 AOP의 밑변은 변 AP입니다.

삼각형 내각의 합은 180°이므로 각 AOP는 180°−2a입니다. 게다가 PO를 이어서 길이를 늘인 선분(두 점을 잇는 직선)을 PQ로 놓으면 각 AOQ가 2a라는 사실을 아셨나요? 직선의 각도는 180°이므로 굳이 식으로 표현하면 '180−(180−2a)=2a'라는 결과가 나옵니다.

또 다른 이등변삼각형 BOP도 똑같이 생각하면 각 BOQ는 2b입니다. 그러므로 '꼭짓점이 원의 중심인 각(중심각) AOB는 항상 APB의 2배가 된다'고 할수 있습니다.

'하나의 원에서 같은 [호]에 대한 원주각은 일정하다'는 결론을 위 그림에 적용하니 '원주상에만 있다면 점 P는 어디에 있다 하더라도 원주각은 일정하고 그 각도는 항상 원주각의 절반'이라는 것을 증명해냈습니다.

하지만 이 증명은 충분하지 않습니다. 반비례가 없는지 확인하는 과정이 매우 중요합니다. 'O의 위치'라는 힌트를 드리겠습니다. 잠시 생각했다가 다음 내용을 읽어주시기 바랍니다.

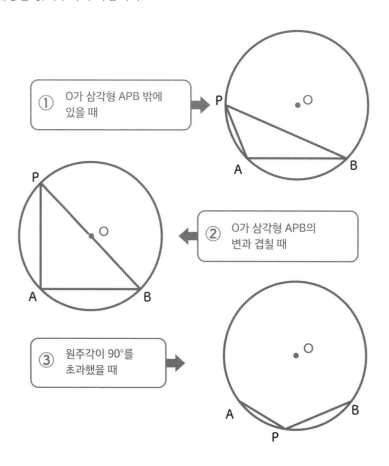

① O가 삼각형 APB 밖에 있을 때

② O가 삼각형 APB의 변과 겹칠 때

③ 원주각이 90°를 초과했을 때

앞에서 우리가 해낸 증명은 사실 중심 O가 삼각형 APB의 내부에 있는 원주각을 제멋대로 정했습니다. 하지만 ①~③의 경우가 아직 있으므로 '모든 경우에서 원주각은 중심각의 절반'이라고 단언할 수 없습니다. 우리는 단 한 가지의 경우만 증명했을 뿐입니다.

그렇다면 남은 3가지 경우를 모두 증명해야 할까요? 그건 아닙니다. 어차피 똑같으니까요. 여기서는 조금 특수한 ③의 경우만 증명해보겠습니다.

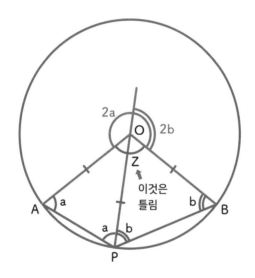

이것은 원주각을 만드는 점 P를 A와 B 사이에 둔 경우이므로 '원주각 APB 와 대응하는 중심각은 어느 쪽을 봐야 하는가'에 주의할 필요가 있습니다. 각 Z는 틀렸지요.

이런 부분만 조심하면 증명하는 순서는 같습니다. 두 이등변삼각형과 **외각의 성질(외각과 만나지 않는 내각의 합)**을 이용해서 원주각이 중심각의 절반임을 증명할 수 있습니다.

나머지 2가지의 경우는 여러분 스스로 증명해보시기 바랍니다.

중학교에서 배우는 도형에서 대표적으로 다루는 정리 중에 '**중점연결정리**'
가 있습니다.

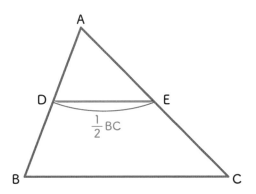

간단히 설명하면 삼각형 ABC가 있고 변 AB와 AC 중간에 있는 점을 각각
D와 E라고 했을 때 DE의 길이는 BC의 반이 된다는 이야기입니다. 이 정리도
증명할 수 있지만 그렇게 재미있지는 않으니 생략하겠습니다.

위 그림을 보면 직감적으로 맞다는 생각이 들 겁니다. 그러면 이 삼각형을
잘게 잘랐다고 합시다.

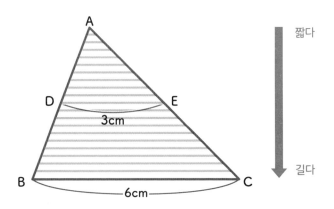

자르면서 그어놓은 직선을 보면 마치 일차함수처럼 일정한 비율로 길어진 다는 생각이 듭니다. **딱 중간에 있는 선이 가장 밑에 있는 변 BC 길이의 반이 면 좋겠다는 '마음'**이 생길 것입니다. 실제로 증명하면 맞는 말이며, 그 '마음' 을 알아두기만 해도 충분합니다.

그보다 변 BC의 길이를 재보니 6cm이고 그렇다면 DE는 3cm임을 알 수 있다는 사실이 더 중요합니다. 원의 성질을 이용해 각도를 알아낸 것처럼 **삼 각형의 성질을 이용해 길이를 알아냈다**는 말입니다.

'도형의 성질과 수치'에 대해 한 걸음 더 깊이 들어가 보고자 합니다. 예를 들어 점이 4개 있고 아래 그림과 같은 선을 그었더니 같은 각도가 되었습니 다. 그렇다면 4개의 점은 원으로 이을 수 있지 않을까요?

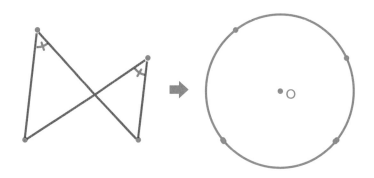

각도라는 수치 정보를 가지고 원이라는 도형을 유도할 수 있습니다. 그리고 원이라는 정보로 중심의 위치를 알고 지름의 길이를 판명하는 것처럼 또다시 수치 이야기로 돌아가서 측정하거나 계산할 수 있습니다.

이렇게 **도형의 성질을 아는 참된 즐거움은 수치와 도형을 오가면서 점점 새 로운 정보를 얻는 데** 있습니다.

고교 수학으로 이어지는 넓이에 대한 이해

앞에서 도형의 길이와 각도에 대해 다뤘습니다. 이제부터 넓이에 관한 이야기입니다. 정사각형 넓이의 '정의'부터 시작합니다. 정의란 수학에서 이렇게 딱 정했으니 더 이상 증명할 필요 없는 규칙을 말합니다.

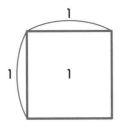

수학에서 도형의 넓이는 '세로 1 가로 1의 정사각형 넓이를 1이라고 합니다. 이 모양이 몇 개 있는지가 곧 어느 도형의 넓이다'라고 규정했습니다.

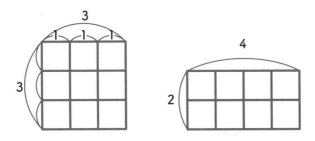

왼쪽의 넓이는 '3×3=9'이며, 오른쪽의 넓이는 '2×4=8'로 구할 수 있습

니다. 이것은 정사각형이나 직사각형 넓이의 공식이 '가로×세로'인 이유입니다. 그렇다면 넓이가 꼭 자연수일 필요는 없습니다.

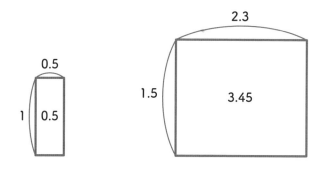

왼쪽은 '1×0.5＝0.5'이고, 오른쪽은 '1.5×2.3＝3.45'입니다. 길이가 양수이면 넓이를 구할 수 있습니다.

하지만 일상에서는 측정해야 할 면적이 꼭 반듯한 정사각형이나 직사각형이라는 보장이 없습니다. 오히려 기묘한 모양이 훨씬 더 많겠지요.

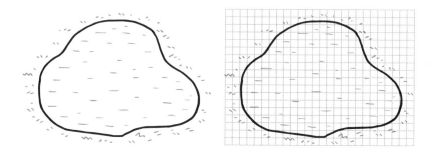

예를 들어 찌그러진 모양의 연못 넓이를 구하려고 할 때, 위 그림과 같이 정사각형의 모눈으로 나눴습니다. 넓이 1의 정사각형 개수만 알면 넓이를 구할 수 있기 때문입니다.

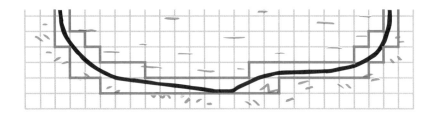

하지만 이 연못은 찌그러진 모양이므로 넓이 1짜리 정사각형이 모두 들어
간 부분과 겨우 들어간 부분이 있어서 이 방법으로는 정확한 넓이를 구할 수
없습니다. 하지만 경계를 찾으면 연못 전체에서 다음과 같은 선을 그을 수 있
습니다.

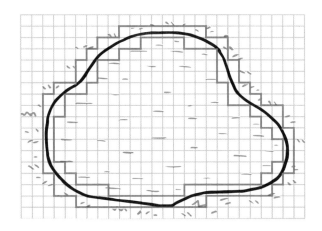

선 밖과 안에도 눈금이 있습니다. 그리고 **정사각형 눈금이 작을수록 정확하
게 선을 그을 수 있습니다. 안팎으로 눈금이 남는 부분이 없으므로 더욱 정확
한 넓이를 구할 수 있습니다.**

이 방법은 우직하고 촌스럽습니다. 게다가 **계산하는 과정도 방대해서 넓이
도 어디까지나 근삿값일 뿐입니다.** 하지만 어떤 도형이든 적용할 수 있는 방
법이라는 점이 중요합니다.

고등학교 수학에서는 이런 방법이 '적분'이라는 무기가 됩니다. 방금 살펴본 연못 이야기를 알면 초등학교나 중학교에 다니는 여러분들도 적분을 이해할 수 있습니다.

이런 방식을 어느 도형에나 적용할 수 있다고 말씀드렸습니다. 하지만 평행사변형, 삼각형, 원과 같이 정해진 도형이라면 빠르고 정확하고 간단하게 넓이를 구하고 싶은 것이 사람 '마음'입니다. 그 '마음'을 읊는 '무기'를 만들어낸 과정이 곧 수학의 발전이자 역사입니다.

삼각형의 넓이 공식을 증명하기

사각형 다음에는 삼각형의 넓이에 대해 생각해봅시다.

'밑변×높이÷2 = 삼각형의 넓이' 공식은 초등학교에서 배웁니다. 물론 이 공식이 어떻게 나오는지 생각해봅시다.

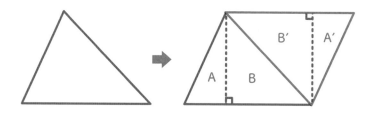

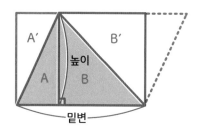

같은 모양의 삼각형을 2개 조합한 평행사변형을 생각합니다. 그리고 A′를 왼쪽으로 이동하면 직사각형이 만들어집니다. 직사각형의 높이, 즉 세로는 삼각형의 높이와 같습니다. 그리고 직사각형의 밑변은 삼각형의 밑변과 같습니다. A와 A′, B와 B′는 합동이므로 원래 삼각형의 넓이는 우리가 직접 만들어낸 직사각형의 절반입니다. 그러므로 2로 나눠야 합니다. 다음 그림과 같이 직감적으로 생각할 수도 있습니다.

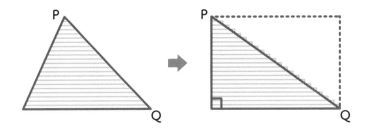

삼각형을 잘게 잘라서 밑면과 직각인 벽으로 밀어내면 대강 직사각형의 반이 될 것 같습니다. 이는 찌그러진 연못의 넓이를 구할 때 생각했던 방법처럼 잘게 자를수록 선분 PQ가 매끄러워지는 것으로 보아 적분에서 쓰이는 생각 방식과 유사합니다.

정말로 다각형을 삼각형으로 나눌 수 있을까?

삼각형의 넓이를 구할 수 있다면 여러 가지 다각형의 넓이도 구할 수 있습니다. 다각형은 삼각형으로 나눌 수 있기 때문입니다.

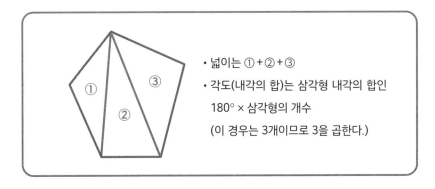

- 넓이는 ① + ② + ③
- 각도(내각의 합)는 삼각형 내각의 합인 180° × 삼각형의 개수 (이 경우는 3개이므로 3을 곱한다.)

이렇게 이야기가 쉽게 끝나면 재미없지요? 그래서 문제를 내보겠습니다.

문제

'다각형에서 임의의 꼭짓점을 골라 대각선을 그으면 모든 다각형은 삼각형으로 나눌 수 있다.' 이 설명에서 틀린 부분을 고치세요.

다각형은 삼각형으로 나눌 수 있다고 말했습니다. 정말로 모든 다각형을 삼각형으로 나눌 수 있는지 생각해보는 문제입니다.

'설명에서 틀린 부분'을 그림으로 예를 들면 다음과 같습니다.

이와 같이 칠각형의 모든 꼭짓점에서 대각선을 그으면 확실히 5개의 삼각형으로 나뉩니다. 하지만 이 설명이 틀렸다는 문제를 냈지요? 반례가 있으니 **이 방법이 통하지 않는 다각형을 찾는다는 목표**를 세웠다면 문제를 제대로 이해한 것입니다. 힌트를 드리면 사각형 중에도 이 방법이 통하지 않는 도형이 있습니다.

실제로 아래 그림과 같이 오목한 사각형은 대각선이 도형 내부에 들어가지 않는다는 것을 알 수 있습니다.

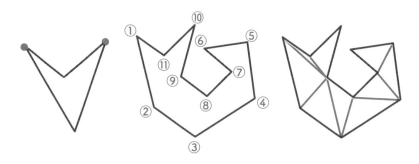

가운데 있는 오목한 11각형을 보면 대각선을 그을 엄두도 나지 않습니다. 하지만 어렵게 생각하지 말고 선을 그어보면 오른쪽처럼 9개의 삼각형으로 나눌 수 있습니다.

다각형은 확실히 삼각형으로 나눌 수 있습니다. 하지만 모든 경우에 적용되는지를 증명하기는 꽤 어렵습니다. 문제의 답은 '다각형의 모든 각이 180° 이내인 볼록한 다각형이면 옳다는 조건을 붙여야 한다'입니다.

이와 같이 **주어진 설명을 살펴볼 때나 스스로 증명해야 할 때는 조건에 신경 쓰는 습관을 들여야 합니다.** '모든 다각형은 삼각형으로 나눌 수 있다'는 명제를 증명하는 데는 대학에서 배우는 '무기'를 사용하면 됩니다. 혹시라도 살펴보고 싶다면 '삼각 분할'로 검색해보면 됩니다.

원의 넓이 공식을 증명하는 어려움에 대해

원의 넓이를 증명하는 공식(94쪽 참고)은 초등학교에서 '반지름×반지름×원주율(3.14)', 중학교에서 'πr^2'로 배웁니다. 하지만 이 공식이 어떻게 나오는지를 알고자 한다면 꽤 심도 깊은 이야기를 해야 합니다.

먼저 '원주율'이란 무엇일까요? 이것을 설명할 수 있는 사람은 의외로 적습니다.

원주율이란 '원의 둘레에 대한 지름의 비율'입니다. 이 비율을 숫자로 나타내면 3.14159······라는 무리수라고 했습니다.(61쪽 참고) 하지만 이 무리수를 그대로 쓰면 계산이 복잡해지므로 중학교에서는 π라고 합니다. 식으로 나타내면 다음과 같습니다.

$$\pi(\text{원주율}) = \frac{\text{원 둘레의 길이}}{\text{지름}}$$

이 공식이 어떻게 성립하는지는 양변에 '지름'을 곱하면 알 수 있습니다. 'π×지름＝원 둘레의 길이'이기 때문입니다. 이것은 곧 **'원 둘레의 길이는 지름에 비례한다'**는 뜻입니다.

비례를 나타내는 식은 '$y=ax$'입니다. 여기에서 π는 a에 해당합니다. π는 상수이므로 지름에 비례합니다.(128쪽 참고)

그렇다면 원래는 π가 정말로 값이 일정한 상수인지 3.14……가 맞는지 확인해야 합니다. 하지만 이것은 조금 어려운 문제이므로 일단 그대로 받아들이기 바랍니다.

이제 원의 넓이에 대한 이야기로 돌아옵시다. 결론부터 말하면 π의 값을 증명하기 어렵기 때문에, πr^2가 원의 넓이임을 증명하는 것도 어렵습니다. 하지만 '한없이 정답에 가까운 설명'은 할 수 있습니다.

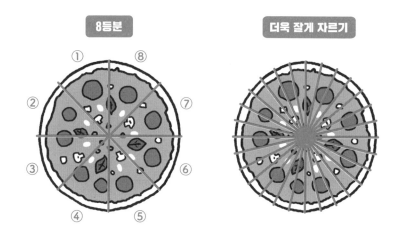

반지름이 r인 피자를 8등분 또는 더 잘게 자릅니다. 그리고 자른 피자 조각을 위아래 교차하여 붙여봅시다.

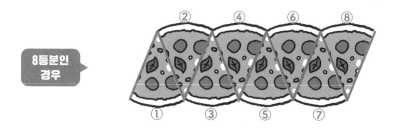

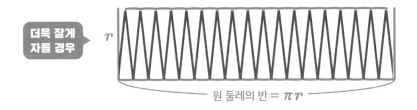

더욱 잘게
자를 경우

r

원 둘레의 반 $= \pi r$

　그림에서 피자를 더욱 잘게 자른 경우가 직사각형에 더욱 가깝다는 사실을 알 수 있습니다. 그러므로 원을 무한히 잘게 자르면 거의 직사각형이 된다고 할 수 있습니다.

　그러면 세로의 길이는 지름인 r, 가로의 길이는 원 둘레의 반인 πr이므로 원을 무한히 잘게 잘라서 만든 직사각형의 넓이는 '$r \times \pi r = \pi r^2$'이 됩니다.

　방금 가로의 길이를 원 둘레의 반이라고 했습니다. 이 이유는 직사각형의 위아래 두 변의 길이를 합하면 원의 둘레가 되기 때문입니다. 원 둘레의 길이는 앞에서 말한 대로 '$\pi \times$지름'입니다. 그리고 지름은 반지름 r의 2배인 $2r$이므로 지름은 '$2\pi r$'입니다. 그리고 그 반이 되어야 하므로 πr입니다.

　이렇게 생각할 수도 있습니다.

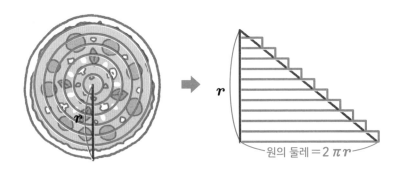

r

r

원의 둘레 $= 2\pi r$

　같은 중심에서 컴퍼스로 원을 그리듯 피자를 자른 다음 반지름 r로 잘라서

분해하면 띠 모양이 됩니다. 그것을 위 그림과 같이 합칩니다.

이 경우에도 잘게 자를수록 거의 직각삼각형에 가까워집니다. 오른쪽 직각삼각형의 밑변 길이는 원의 가장 밖에 있는 띠이므로 $2\pi r$입니다. 그리고 높이는 반지름인 r입니다.

원의 넓이 공식을 삼각형의 넓이 공식에 대응하면 '$2\pi r \times r \div 2 = \pi r^2$'이 됩니다.

초등학교 수학을 물어본 도쿄대학교 입시 문제

? 문제

원주율이 3.05보다 크다는 것을 증명하시오.

그러면 만반의 준비를 하고 서장에서 잠깐 살펴본 도쿄대학교 입시 문제에 대해 생각해봅시다. π가 정말로 값이 일정한 상수인지, 3.14……가 맞는지를 증명하는 것은 조금 어렵다고 했습니다. 하지만 적어도 그 값에 가까워질 수는 있는 문제입니다.

이 문제는 실제로 일본에서 '전설'로 평가될 만큼 유명합니다. 왜 전설로 여겨지는지 그 이유부터 말씀드리려고 합니다.

이 문제를 풀기 위해 필요한 발상은 초등학교에서 배우는 내용이기 때문입니다. 바로 앞에서 말씀드린 피자 이야기입니다. '발상'이라는 것은 꼭 천재적인 아이디어가 필요하지는 않습니다. 이 문제의 의도는, 원의 넓이를 구하는 공식은 당연히 초등학교 교과서에도 실려서 알고 있으니, 그 공식이 어떻게 만들어졌는지를 묻는 것입니다.

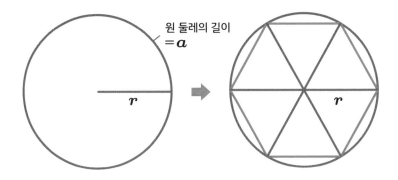

원 둘레의 길이 = a

왼쪽 그림처럼 원의 반지름을 r, 원 둘레의 길이를 a라고 합니다. 그리고 이를 6등분합니다. 원의 둘레와 6등분한 선이 만난 접점끼리 보조선을 그으면 육각형과 6개의 삼각형이 만들어집니다.

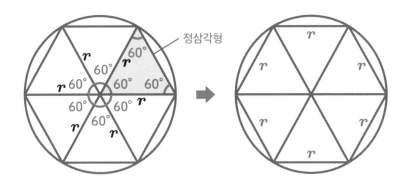

정삼각형

6개의 삼각형은 360°의 원을 6개로 나누었으니 적어도 삼각형의 각 하나는 60°입니다. 이 경우는 다른 두 각도 60°, 즉 정삼각형입니다. 그러므로 삼각형의 모든 변의 길이는 반지름 r과 동일합니다.(두 변의 길이가 r인 이등변삼각형, 그리고 삼각형 내각의 합이 180°이고, 남은 두 각의 합은 120°, 이등변삼각형의 밑변에 위치한 두 각의 각도는 같으므로(165쪽 참고) 각각 60°가 됩니다. 정삼각형은 세 내각이 모두 60°이며 세 변의 길이가 모두 같다는 데에서 유추할 수 있습니다.)

따라서 육각형의 모든 변의 길이를 합하면 r이 6개 있으므로 $6r$이 됩니다. 이 $6r$과 원 둘레 a의 길이를 비교하면 $6r$이 더 작습니다(길이가 짧음). 육각형의 변은 모두 원의 안쪽에 있으니 이런 관계가 성립됩니다.

$$a > 6r$$

단, 원 둘레의 길이는 $2\pi r$입니다. 문제에 나온 대로 원주율 π가 3.05일 경우 원 둘레의 길이는 '$2 \times 3.05 \times r = 6.1r$'이 됩니다. 적어도 이보다 크다는 것을 나타내야 하므로 $6r$로는 증명할 수 없습니다.

또한 원 둘레의 길이를 $2\pi r$로 보았을 때 '$6r = 2 \times 3 \times r$'이므로 π에 해당하는 수는 3보다 큽니다. 하지만 아직 3.05보다 크다고 하지는 못했습니다.

피자를 잘게 자를수록 정확도가 올라간다고 말했습니다. 결론부터 말하면 8등분했을 때 원주율이 3.05보다 크다는 것을 증명할 수 있습니다. 다음 '여덟 걸음'에서 드디어 알려드릴 '피타고라스의 정리'를 이용하여 중학생이어도 증명할 수 있는 문제였습니다.

고등학교 수학에서 배우는 '무기'를 장착하면 더욱 간단하게 증명할 수 있습니다. '무기'가 늘어나면 할 수 있는 것도 많아집니다.

'무한'은 위험하다

저는 지금까지 삼각형이나 피자 등을 자른다는 말에 '무한히'를 끼워 넣었습니다. 하지만 이런 사고방식은 이미지를 떠올리기는 편하지만 위험 요소도 갖추고 있습니다. 예를 들어 이런 문제가 있습니다.

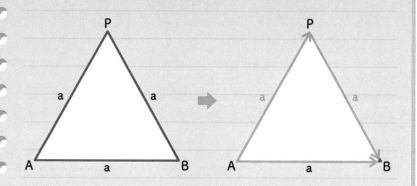

위 그림처럼 변의 길이가 a인 정삼각형이 있습니다. A에서 B를 잇는 직선 코스는 a, A에서 P를 지나 B로 향하는 코스는 a를 2번 지나므로 $2a$입니다.

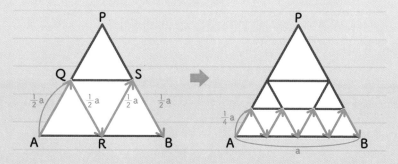

이를 한 번 접으면 왼쪽과 같은 그림이 됩니다. AQ는 AP의 절반이므로 $\frac{1}{2}a$입니다. 그러면 A → Q → R → S → B 이렇게 3번 접는 코스의 길이는 $\frac{1}{2}a$를 4번 통과하므로 2a입니다.

그리고 오른쪽 그림과 같이 $\frac{1}{2}a$를 반으로 접어 한 변이 $\frac{1}{4}a$인 정삼각형을 4개 만듭니다. 이런 방식으로 7번 접어서 B로 도착하는 코스는 $\frac{1}{4}a$가 8번 통과하므로 2a가 됩니다.

이 행동을 '무한' 반복하면 어떻게 될까요?

"변 AB에 가까워집니다!"

그런데 뭔가 이상하지 않나요?

"AB의 길이는 a……"

그렇습니다. 원래 2a인 것이 최종적으로 a로 향한다는 말은 이상합니다.

'무한이론'은 이렇게 때에 따라 위험이 도사리고 있지요.

평행선상의 삼각형의 특징

넓이 이야기에서 한 가지 편한 '무기'가 있습니다. 밑변을 고정하면 평행선에서 만들 수 있는 삼각형의 넓이는 같다는 것입니다.

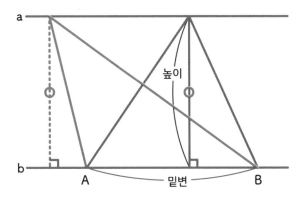

변 AB를 밑변으로 하는 두 삼각형의 넓이는 같습니다. 삼각형의 높이는 직선 a와 b가 평행하므로 같기 때문입니다. 밑변과 높이가 같다면 삼각형의 넓이 공식(밑변×높이÷2 = 삼각형의 넓이)에 따라 넓이도 같습니다.

이 삼각형의 성질은 쓰이는 곳이 많으므로 외워두면 좋습니다. '폭이 같으면 논두렁길은 수직으로 뻗어 있든 기울어져 있든 같은 넓이'(99쪽)라는 것과 같은 방식입니다.

피타고라스의 정리가 나온 '마음'

여기까지 오면서 수많은 도형의 성질들을 살펴보았습니다. 축구에서 골인의 난이도를 알아보거나, 길이 또는 넓이를 알아냈습니다. 넓이를 구하는 공식도 다양한 도형의 성질들을 활용해서 증명했습니다.

지금부터 설명할 아름다운 '피타고라스의 정리' 또한 그렇습니다. 이 공식은 길이를 알아내는 데 효과적인 '무기'입니다. 하지만 증명하는 데에는 역시 도형의 성질이 도움이 됩니다. '서장'에서 다룬 대로 피타고라스의 정리는 직각삼각형 변의 길이들의 관계를 나타내는 식입니다.

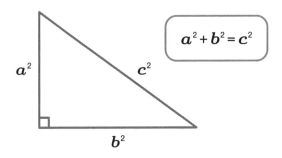

$$a^2 + b^2 = c^2$$

저는 이 그림이 아름답다고 생각합니다. 그 이유는 중점연결정리나 원주각의 정리처럼 증명은 어렵지만 직관적이기 때문입니다. 그러니까 이들 공식은 왠지 맞아 보입니다. 하지만 **피타고라스의 정리는 '이게 어떻게 성립하지?'라고 먼저 놀라움을 느낍니다.** 저만 아름답다고 생각할 수도 있지만요.

수학의 역사에서 이 정리가 어떻게 생겨났는지에 대한 설이 많습니다. 하지만 '$3^2 + 4^2 = 5^2$'와 같은 관계가 성립하는 수가 있고, 이 관계가 성립하는 수라면 직각삼각형을 만들 수 있다는 사실을 공공연히 알고 있었던 것이 아니냐는 설이 있습니다.

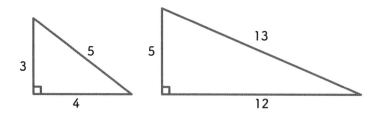

그렇다면 이 관계가 꼭 특별한 수가 아니어도 쓰일 수 있으면 좋겠다는 발상을 할 것입니다. 이 공식을 이용해서 **현실적으로 거리를 재려는 '마음'**도 있을 것입니다.

실제로 피타고라스의 정리가 증명된 오늘날에는 지도상에서 두 점을 찍고 자가 없어도 경도와 위도로부터 거리를 잴 수 있습니다.(지구는 둥그니까 오차는 있습니다.)

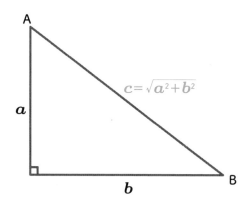

예를 들어 우리는 '$2 = x^2$'에서 x의 값은 '$\pm\sqrt{2} = x$'임을 제곱근에서 배웠습니다. 각자 길이 '$a^2 + b^2 = c^2$'가 성립한다면 '$\sqrt{a^2 + b^2} = c$' 또한 성립합니다. 이렇게 직각삼각형의 밑변과 높이를 알면 기울어진 c라는 변의 길이를 구할 수 있습니다.

지금까지 수많은 삼각형의 성질을 배웠습니다. 그리고 직사각형의 넓이를 살펴봤지만(170쪽) 사실은 한 변의 길이가 1인 정삼각형에 대해 전혀 손대지 않았다는 것을 아시나요? 원래 처음에 다뤘어야 할 내용입니다. 그러지 않은 이유는 피타고라스의 정리라는 '무기'가 없으면 넓이를 알 수 없기 때문입니다.

한 변의 길이가 1인 정삼각형 ABC의
높이를 a라고 한다.

삼각형 ABD에 피타고라스의 정리를
이용하면······

$$a^2+\left(\frac{1}{2}\right)^2=1^2$$

$$a^2=1^2-\left(\frac{1}{2}\right)^2 \quad \Leftarrow \left(\frac{1}{2}\right)^2 \text{을 이항하기}$$

$$\Rightarrow \quad a=\sqrt{1^2-\left(\frac{1}{2}\right)^2} \quad \Leftarrow a>0$$

$$=\sqrt{\frac{3}{4}}=\frac{\sqrt{3}}{2} \quad \Leftarrow \text{높이를 알아냈다.}$$

삼각형의 넓이 공식에 대입하면······

$$1\times\frac{\sqrt{3}}{2}\div2=\frac{\sqrt{3}}{2}\times\frac{1}{2}=\frac{\sqrt{3}}{4} \quad \Leftarrow \text{정삼각형의 넓이를 알아냈다!}$$

이렇게 수학을 배우면서 피타고라스의 정리의 도움을 받지 않는 부분이 없을 만큼 중요한 대(大)정리입니다.

이번에는 '무기'의 날을 벼리기 위한 증명의 이야기입니다. 피타고라스의 정리는 근의 공식에 비하면 너무 간단하면서도 외우기도 쉬우니 증명할 필요 없다고 생각할 수 있지만 결코 그렇지 않습니다.

먼저 매우 전형적인 증명을 해보겠습니다.

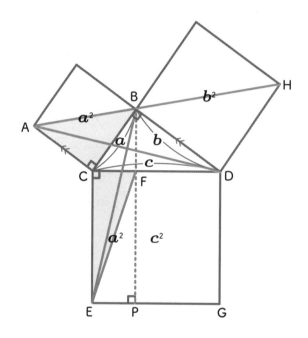

피타고라스의 정리를 증명하기 위해 외워야 할 '중요한 열쇠'가 바로 이 그림입니다. 변의 길이가 각각 a, b, c인 직각삼각형이 있고 각 변에 따른 정사각형을 그렸습니다.

그러면 각 정사각형의 넓이는 a^2, b^2, c^2입니다. 그러므로 '넓이 a^2와 b^2를 더하면 c^2가 된다'는 명제를 증명하면 됩니다. 보조선 BP를 긋고 a^2인 정사각형과 사각형 CEPF가 같은 넓이, b^2인 정사각형과 사각형 DGPF가 같은 넓이, 사각형 CEPF와 사각형 DGPF의 넓이를 더하면 c^2가 된다는 사고방식입니다.

먼저 삼각형의 합동 조건과 앞에서 다룬 평행선에서 밑변을 고정한 삼각형들의 넓이는 같다는 성질을 많이 이용합니다.

보조선 AB를 긋습니다. AC와 BD는 평행이므로 AC를 밑변으로 하는 삼각형 ABC와 ADC의 넓이는 같습니다.

다음으로 점 C를 고정하여 삼각형 ADC를 시계 방향으로 슬쩍 돌리면 삼각형 BCE가 됩니다. 이 두 삼각형은 합동입니다. 그 이유는 정삼각형이므로 AC와 BC의 길이가 같기 때문입니다. CD와 CE 또한 같습니다. 그리고 각 ACD와 각 BCE는 같은 각도입니다. 서로 90°이면서 각 BCD를 공유하고 있습니다. 두 변과 그 사이에 낀 각이 같으므로 SAS 합동입니다.

마지막으로 평행선상에 있는 삼각형의 성질을 다시 한 번 사용합니다. 변 CE와 BP는 평행이므로 밑변을 CE로 두는 삼각형 BCE와 FCE는 같은 넓이라고 할 수 있지요.

출발점으로 돌아갑시다. 삼각형 ABC의 넓이는 $\frac{1}{2}a^2$이었습니다. 삼각형 ABC와 삼각형 FCE가 같은 넓이이므로 그 2배인 사각형 CEPF의 넓이는 a^2이라고 할 수 있습니다.

이 과정과 완전히 똑같은 방식으로 b^2 또한 사각형 DGPF와 같은 넓이임을 증명할 수 있습니다. 먼저 보조선 BH를 그으면, 삼각형 HBD와 삼각형 HCD가 같은 넓이임을 알 수 있습니다. 이 책에서 그 증명을 따로 다루지는 않지만 이 방법으로도 '$a^2 + b^2 = c^2$'를 증명할 수 있습니다.

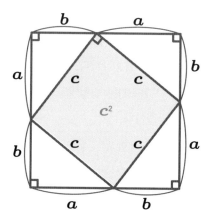

이 그림은 세 변이 각각 a, b, c인 직각삼각형 4개를 조합한 모양입니다. 그러면 정사각형이 2개 만들어집니다.

큰 정사각형의 넓이는 '$(a+b) \times (a+b) = (a+b)^2$'입니다.

작은 정사각형의 넓이는 '$c \times c = c^2$'입니다.

직각삼각형 4개를 합친 넓이는 '$a \times b \div 2 \times 4 = 2ab$'입니다.

그리고 작은 정사각형의 넓이는 큰 정사각형의 넓이에서 직각삼각형 4개의 넓이를 뺀 것입니다.

그러므로 다음과 같은 식이 성립됩니다.

$$c^2 = \underline{(a+b)^2} - 2ab \quad \Leftarrow \text{작은 정사각형 = 큰 정사각형 - 직각삼각형 4개분}$$

$$\Rightarrow \quad c^2 = \underline{a^2 + 2ab + b^2} - 2ab \quad \Leftarrow \text{식 전개하기}$$

$$\Rightarrow \quad c^2 = a^2 + b^2 \quad \Leftarrow \text{피타고라스의 정리를 유도함}$$

이 증명이 더 간단합니다. 하지만 두 증명 모두 '두 걸음'에서 **맨 처음에 봤던 그림이 열쇠입니다.**

기본적으로 **증명법이 하나밖에 없는 것은 아닙니다.** 피타고라스의 정리를 증명하는 방법은 수백 종류라고 합니다. 지금은 가진 '무기'가 별로 없는 초등학생 중학생 여러분들도 수학을 더 많이 배우면 또 다른 증명을 할 수 있습니다.

'도쿄대학교 문제'를 피타고라스의 정리로 풀기

이제 피타고라스의 정리를 익혔습니다. 학교에서 이 정리를 배울 때 이런 직각삼각형들도 배웠을 겁니다.

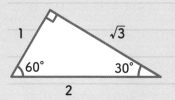
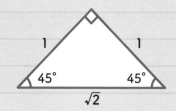

삼각자와 똑같은 직각삼각형입니다.

도쿄대학교 입시 문제(181쪽 참고)를 피타고라스의 정리로 풀기 위해 오른쪽 직각삼각형을 마음에 담아두기 바랍니다.

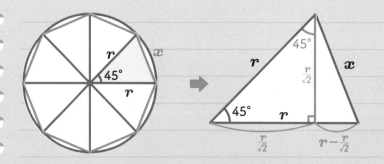

우리가 증명할 것은 크게 보면 원을 8등분하여 팔각형을 만들고 x를 구한 다음 그 8배보다 원의 둘레가 길다는 방침으로 진행합니다.

여기서 x를 포함하는 삼각형을 빼내면 오른쪽 그림과 같습니다. 이 삼각형의 높이를 구하기 위해 앞에서 본 두 각이 45°인 삼각자가 도움이 됩니다.

즉, 세 변의 비율은 1:1:$\sqrt{2}$ 입니다. 하지만 이 경우는 가장 긴 변이 r이므로 세 변의 비율은 $\frac{r}{\sqrt{2}}:\frac{r}{\sqrt{2}}:r$이 됩니다. 잘 모르는 사람은 적당히 높이를 a로 두고 '$a^2 + a^2 = r^2$'에서 a의 길이를 구해도 똑같습니다.

여기까지 오면 x를 포함하는 삼각형 세 변의 길이를 알 수 있습니다. 밑변은 반지름 r에서 $\frac{r}{\sqrt{2}}$를 뺀 것입니다. 피타고라스의 정리를 이용하면 다음과 같은 식이 됩니다.

$$\left(\frac{r}{\sqrt{2}}\right)^2 + \left(r - \frac{r}{\sqrt{2}}\right)^2 = x^2$$

이 계산식은 복잡하니 자세한 과정을 생략하면 '$x = \sqrt{2 - \sqrt{2}}\, r$'이라는 값이 나옵니다. 연습을 충분히 했다면 중학생도 어렵지 않게 풀 수 있는 문제입니다.

그렇다면 $\sqrt{2 - \sqrt{2}}\, r$는 어떤 숫자일까요? $\sqrt{2}$는 대략 1.414이므로 약 $0.765r$입니다. 이 숫자의 8배, 즉, 팔각형 변의 길이는 약 $6.12r$임을 알게 되었습니다.

가령 원주율이 3.05일 경우 원 둘레의 길이는 $6.1r$이므로(183쪽 참고) 실제로는 이보다 짧아야 할 팔각형 변의 길이가 그렇지 않으니 모순입니다.

그러므로 '원 둘레의 길이a > 팔각형 변의 길이 약 $6.12r$ > 원주율이 3.05일 경우 원 둘레의 길이가 $6.1r$'이므로 중학교까지 얻어가는 '무기'만 써도 '원주율이 3.05보다 더 크다'라는 사실을 증명할 수 있습니다.

'이게 정말 많은 거야?'라고 느끼는 이유

보통 밥그릇   곱빼기 밥그릇

백반집에서 밥을 곱빼기로 주문하거나 용량을 1.5배 추가한 상품을 구매했을 때, 막상 받아보니 의외로 양이 적다는 생각이 든 적은 없나요? 반대로 라면 한 그릇으로 부족해서 볶음밥 반 그릇을 세트로 주문했는데 '반이 이렇게 많아?'라고 생각한 적도 있을 것입니다.

이와 같이 생각보다 달라 보이는 이유는 무엇일까요? 수학을 이용하면 일상의 사소한 의문을 풀 수 있습니다. 이것이 이번 걸음의 주제입니다.

일반 밥그릇에 담긴 밥을 1.5배 늘린 것이 곱빼기라고 합시다. 즉, 닮은꼴의 관계입니다.

밥의 용량이란 '부피'를 말합니다. 넓이와 비슷한 이야기이므로 지금까지는 다루지 않았지만, 부피란 다음과 같은 것입니다.

196

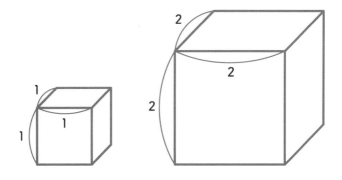

가로 1 세로 1 높이 1의 입체적인 정사각형을 정육면체라 하고, '부피는 가로×세로×높이'로 구할 수 있습니다.

이것을 2배로 확대한 모형이 오른쪽 그림이고, 확대한 비율을 '닮음비'라고 합니다. 그러므로 왼쪽과 오른쪽의 닮음비는 '1:2'입니다.

한편 왼쪽의 겉넓이는 '$1 \times 1 \times 1 = 1^3 = 1$'이고, 오른쪽의 겉넓이는 '$2 \times 2 \times 2 = 2^3 = 8$'입니다.

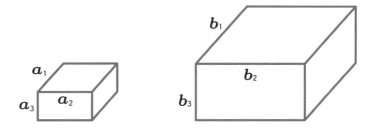

이것을 일반화하면 입체도형이 서로 닮은꼴일 경우 닮음비가 '$a:b$'이면 겉넓이의 비율은 '$a^3:b^3$'이 됩니다.

이 책을 열심히 읽은 여러분들이라면 정말로 모든 입체도형의 닮은꼴에도 적용할 수 있는지 궁금할 겁니다. 하지만 이를 증명하기 위해서는 대학 수준의 '무기'가 필요합니다. 이 책에서 직접 증명하지는 않지만 틀림없이 모든 입체도형에서 닮음비와 부피의 비율 관계는 성립합니다.

그렇다면 '곱빼기 문제'의 실체를 한번 살펴봅시다. 일반 그릇의 1.5배, 즉 겉넓이가 1.5배이면 비율은 '1 : 1.5'입니다.

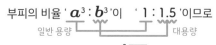부피의 비율 '$a^3 : b^3$'이 ' 1 : 1.5 '이므로
일반 용량 ⎵⎵⎵ 대용량
⇒ 닮음비 '$a : b$'는 '1 : $\sqrt[3]{1.5}$'가 됩니다.

$\sqrt[3]{1.5}$은 세제곱근이라고 하여 3번 곱하면 1.5가 되는 수라는 뜻입니다.(57쪽 참고) 이 숫자를 실제로 계산하기도 어렵고 주제와 벗어나므로 소수로 표현하면 약 1.14입니다.

닮음비가 '1:1.14'이므로 '곱빼기, 즉 1.5배!'라는 문구가 있다고 하더라도 양이 아닌 닮은비입니다. 그러므로 눈에 보이는 크기는 겨우 약 1.14배, 즉 14%만 증가한 것처럼 보입니다.

수학적으로 생각하면 1.5배가 의외로 적게 느껴지는 이유를 알 수 있습니다. 혹시 속이는 게 아닌가 싶었는데 백반집 사장님은 잘못이 없군요.

볶음밥 반 그릇의 경우는 다음과 같습니다. 부피의 비율이 '1 : 0.5'이므로 닮음비는 '1 : $\sqrt[3]{0.5}$'입니다. $\sqrt[3]{0.5}$를 소수로 나타내면 약 0.79입니다.

볶음밥 반 그릇이라고 하지만 눈으로 보기에는 80% 가까이 되므로 생각보다 많게 느껴지는 것입니다.

부피의 비율이 있는 만큼 넓이의 비율도 있습니다.

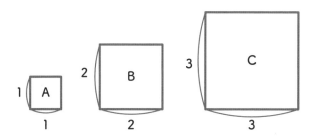

정사각형 B는 A의 2배, C는 A의 3배입니다. 그러므로 닮음비는 '1 : 2 : 3' 입니다. 넓이의 비율은 '$1 = 1^2 : 4 = 2^2 : 9 = 3^2$'이므로 이를 일반화하면 닮음 비가 '$a : b$'일 때, 넓이의 비율은 '$a^2 : b^2$'이라고 할 수 있습니다. 부피는 세 제곱이었지만 넓이는 제곱이군요.

다른 도형에서도 성립될까요? 그렇다면 삼각형은 어떨까요?

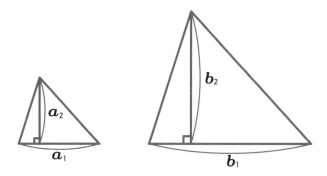

밑변의 비율은 '$a_1 : b_1$' 높이의 비율은 '$a_2 : b_2$'입니다. 단, 두 삼각형 은 닮은꼴이므로 비율이 같습니다. 밑변이 2배이면 높이도 2배가 되므로 $a_1 : b_1 = a_2 : b_2$입니다.

넓이의 비율은 '$a_1 \times a_2 \div 2 : b_1 \times b_2 \div 2$'이 됩니다. 하지만 이는 크기가 아닌 비율이므로 '$\div 2$'를 생각할 필요 없습니다. 그러므로 '$a_1 \times a_2 : b_1 \times b_2$'라고 정리할 수 있습니다. '$a_1 : b_1 = a_2 : b_2$'이므로 넓이의 비율은 '$a_1{}^2 : b_1{}^2$'이라고 해도 문제없습니다. 정사각형과 같은 결과가 나왔군요.

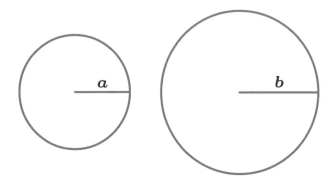

서로 다른 두 원은 항상 닮은꼴입니다. 이 경우 넓이의 비율은 어떨까요? 닮음비는 '$a : b$'이고 넓이의 비율은 '$\pi a^2 : \pi b^2$'가 됩니다. 하지만 이 또한 넓이가 아닌 비율이므로 π는 무시하면 '$a^2 : b^2$'이라고 할 수 있습니다.

역시 정사각형과 같은 결과가 나왔습니다.

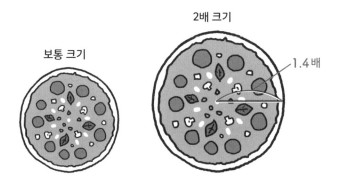

2배 크기

보통 크기

1.4배

덧붙이면 '피자가 2배!'라는 서비스가 있다고 하면 넓이의 비율은 '1:2'이므로 닮음비는 '1 : $\sqrt{2}$'입니다.

$\sqrt{2}$는 약 1.41이므로 '반지름은 대략 일반 크기의 1.4배 정도'라는 것을 알고 있으면 눈으로 직접 봤을 때 2배가 아니라도 분개할 필요 없겠지요.

'도형의 길'은 여기서 마무리합니다. 고등학교 수학에서는 어떤 진화를 거치는지 살펴봅시다. 예를 들어 피타고라스의 정리는 직각삼각형만의 이야기였습니다.

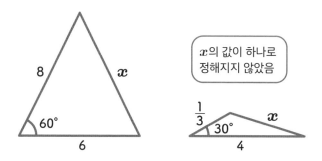

하지만 직각삼각형이 아닌 임의의 삼각형도 변의 길이를 알아내야 한다는 '마음'을 가진 사람이 그 방법을 발명했습니다. 고등학교에서는 이런 새로운 '무기'를 습득할 수 있습니다.

혹은 다양한 도형을 잘게 자르는 것이 적분의 개념이라고 했습니다. 그리고 적분의 세트로 자주 나오는 '미분'이라는 '무기'도 있습니다. 중학교 범위까지는 도형의 성질과 각도, 길이, 넓이, 부피를 배웁니다. 고등학교에서 미분을 배우면 '접선'과 같은 성질도 알게 됩니다. 그 외에 벡터, 행렬, 복소평면, 좌표평면과 같은 접근법을 배우면 도형 문제에 응용할 수 있습니다.

애초부터 '도형의 길'은 하나만 뻗은 게 아닌 '여러 도형의 길'이었습니다. 고등학교에서는 더욱 많은 방향으로 뻗어나가므로 각각의 도형을 더욱 깊이 이해해두시길 바랍니다.

한 걸음   사람들은 어째서인지 '확률'을 오해하고 틀린다   (중학교 2학년)

두 걸음   '경우의 수'라는 말에 민감해지자   (중학교 2학년)

세 걸음   '수형도', 고민된다면 일단 그려보자   (중학교 2학년)

네 걸음   '그럴 경우는 몇 가지?' 의외로 심도 깊은 '경우의 수'   (중학교~고등학교)

다섯 걸음   확률로 꿈을 재보는 '기댓값'   (고등학교)

여섯 걸음   사실은 꽤 어려운 '조건부확률'   (고등학교)

제5장

확률의 길

한 걸음 사람들은 어째서인지 '확률'을 오해하고 틀린다

확률이 가진 함정과 결과만 보고 편한 대로 해석하는 것을 주의하기

확률이란 일상에서 내기나 돈을 버는 것과 같이 사람들이 빠져들기 쉬운 것들과 연관이 있습니다. 이런 '마음'과 운, 가능성을 수학적으로 생각하는 것이 확률입니다. 그러므로 도형보다 더 관심이 많지 않을까요?

먼저 주사위를 이용해서 <u>완전</u> 기초 이야기부터 하겠습니다. 1~6까지 점이 새겨진 주사위를 던졌을 때 1이 나올 확률을 생각해봅시다. 6번 던지면 한 번은 1이 나온다는 것을 아실 겁니다. 운과 가능성의 요소가 엮일 때 '어느 정도의 비율로 어떤 일이 일어나는지'를 나타내는 것이 확률입니다.

매우 당연한 것 같지만 그만큼 오해도 많고 틀리기도 쉬운 것이 확률입니다. 이 때문에 손해도 많이 볼 겁니다. 관점을 바꾸면 확률에는 함정이 많으므로 정신을 똑바로 차려야 합니다.

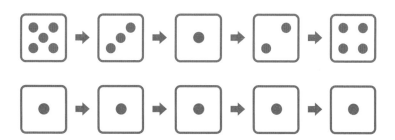

주사위 하나를 5번 던졌을 때 '5 → 3 → 1 → 2 → 4'의 순서로 숫자가 나왔습니다. 그럼 다음번에는 6이 나올까요? 꼭 그렇다는 보장이 없습니다. 6번 던져서 한 번 나올 확률이라는 것은 6번 던졌을 때 무조건 한 번이 나온다는 뜻이 아닙니다.

혹은 '1 → 1 → 1 → 1 → 1'의 순서로 숫자가 나오면 다음에는 무조건 1이 아닌 수가 나올까요? 그렇지 않습니다.

이런 주사위를 눈으로 보고 '흐름'이라거나 '아직 안 나왔으니 다음에 꼭 나온다'는 식으로 자기 편한 대로 해석해버리는 것이 인간의 본성이기도 합니다.

내기에 졌을 때 '다음엔 꼭 이긴다!'와 같은 말도 확률의 오해입니다.

스포츠의 경우 인간의 행동을 비롯해 수많은 요소들이 복잡하게 엮여 있으므로 일괄적인 흐름이 없습니다. 이것은 확률이 아니기 때문입니다.

물론 '1 → 1 → 1 → 1 → 1'처럼 하나의 결과가 쏠릴 수도 있습니다. 사기가 의심되는 쏠림 현상이 있을 경우는 고등학교에서 배우는 '통계'가 검증하는 데 도움이 됩니다. 하지만 어디까지나 쏠림 현상은 일어날 수도 있고 계산을 거치면 수치로도 표현할 수 있습니다.

지금까지 말씀드린 것처럼 확률이란 자신의 직감을 따라가지 않는 경우도 생깁니다. 그래도 확률의 기본 대원칙은 비율이므로 계산하면 값이 나옵니다. 그 이상도 이하도 아닙니다.

그러므로 '확률의 길'은 다양한 상황에서 올바른 확률을 계산하기 위한 '무기'의 사용법을 연습하는 '길'입니다.

분모를 틀리면, 비율도 틀린다

'성공이냐 실패냐 둘 중 하나밖에 없으니 확률은 50%다!'

'사느냐 죽느냐, 그것은 반반이다……'

이런 대사를 들어본 적이 있을 것입니다. 스스로를 고무시키거나 위로하는 의미로 쓰는 말입니다. 그러나 농담이라면 모를까 진지하게 생각한다면 큰일 날 소리입니다. 애초부터 '성공'과 '실패'가 동일한 확률로 일어날 리 없기 때 문이죠.

이런 표현들은 애초에 수학적으로 일어날 확률을 무시한 말입니다. '같은 상태에서 틀림없이'란 '같은 정도로 일어나는 것'을 말합니다. 이것을 염두에 두고 다음 문제를 생각해봅시다.

? 문제

동전 2개를 던졌을 때 모두 앞면이 나올 확률은?

가장 많은 오답은 $\frac{1}{3}$ 입니다. 이 답이 왜 틀렸을까요? 동전을 던졌을 때 나오 는 패턴만 생각했기 때문입니다.

| ① 앞·앞 | ② 앞·뒤 | ③ 뒤·뒤 |

물론 경우의 수는 ① ② ③밖에 없습니다. 하지만 정말로 이들은 같은 확률로 나올까요? 바로 이것이 답을 틀리는 이유이자 함정입니다. 그렇습니다. 원래 ②의 패턴에 경우의 수가 하나 더 있습니다. 바로 '뒤·앞'이라는 패턴입니다. 나머지 패턴보다 2배의 경우의 수가 있다는 사실을 놓쳤기 때문입니다.

그러므로 '앞·앞'이 나올 확률은 동전 던지기로 나올 수 있는 모든 경우의 수 4가지 중에 하나이므로 $\frac{1}{4}$, 즉 25%가 정답입니다.

그럼 다음 문제는 어떨까요?

? 문제

A씨는 자녀가 2명 있습니다. A씨는 남자아이가 있냐는 질문에 있다고만 대답했습니다. 그렇다면 2명 모두 남자아이일 확률은?

실제로 남자가 태어날 확률과 여자가 태어날 확률은 같지 않습니다. 하지만 이번에는 같다고 가정하고 문제를 풀겠습니다.

앞에서 풀어본 문제보다 어렵습니다. '여섯 걸음'에서도 다루겠지만, 이 문제는 조건부확률이라 하여 '2명 중 1명은 남자'라는 조건이 있습니다. 이 조건 하에서 남은 1명도 남자일 확률을 구하는 문제이므로 함정이 있습니다.

1명은 남자이므로 '남·남', '남·여'가 나올 확률은 모두 같을까요? 그렇다면 50%입니다. 하지만 답은 아닙니다. 동전 문제처럼 '여·남' 패턴도 있습니다. 출생 순서를 매기자면 누나와 동생, 오빠와 여동생도 같은 경우의 수입니다.

동전 던지기와 비슷한 패턴의 문제이니 25%가 답인가 싶지만, 아닙니다. 확률을 정하는 조건에 따르면 '여·여'의 가능성은 없기 때문입니다.

그러므로 이 문제에서 나올 수 있는 경우의 수는 '남·남', '남·여', '여·남'입니다. 이 중에서 2명 모두 남자일 확률을 구해야 하므로 $\frac{1}{3}$, 약 33%가 정답입니다.

'확률이란 비율의 문제'입니다. 그렇기에 잘못된 수를 분모에 넣으면 올바른 계산을 할 수 없습니다. 분모 선정에 세심한 주의를 기울여야 합니다.

'수형도', 고민된다면 일단 그려보자

귀찮은 작업이지만 어쨌든 확실한 방법

이번에는 가장 일반적인 내기인 가위바위보 이야기입니다.

2명이 가위바위보를 해서 비길 확률은 얼마나 될까요? 금방 알 수 있습니다. 서로 같은 것을 낼 확률은 $\frac{1}{3}$입니다.

그렇다면 3명이 가위바위보를 해서 비길 확률은 얼마나 될까요? 패턴도 많고 모두 다른 것을 내도 비기는 것이니 직접 생각하기에 너무 복잡합니다.

이럴 때 유용한 무기가 바로 '수형도'입니다. 한마디로 모든 사건이 일어날

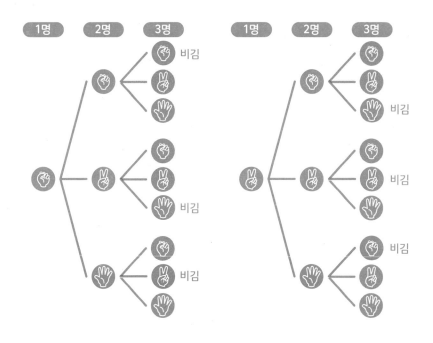

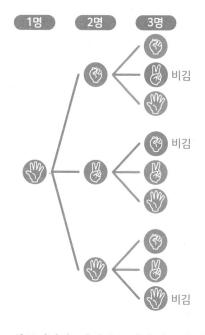

1명 **2명** **3명**

가짓수를 직접 그리는 것입니다. 촌스럽지만 그래도 확률 문제를 푸는 데는 아주 유용한 무기입니다.

이와 같이 3명이 가위바위보를 해서 나올 수 있는 패턴은 모두 27가지입니다. 각각의 패턴이 나타날 수 있는 경우의 수는 모두 같습니다. 비기는 경우는 전원이 같은 것을 냈거나 모두 다른 것을 낸 경우이므로 이런 패턴은 모두 9가지입니다. 즉, 비길 확률은 $\frac{9}{27} = \frac{1}{3}$입니다.

2명이 가위바위보를 할 때와 같은 확률입니다. 여러분은 비길 확률이 더 올라간다고 생각했을 겁니다. 가위바위보를 할 때 사람이 많을수록 결판이 잘 안 났던 경험이 있기 때문입니다.

이렇게 직접 계산해보면 자신의 직감과 다른 결과가 나오는 일이 확률의 세계에서는 비일비재합니다. 사실 4명이 가위바위보를 할 때 비길 확률은 $\frac{39}{81} = \frac{13}{27}$이 됩니다. 거의 절반의 확률로 비기는 셈입니다. 이렇게 사람 수가 많을수록 비길 확률은 더욱 올라갑니다.

실제로 모든 경우의 수를 그리는 것은 귀찮은 작업입니다. 하지만 익숙해지면 모두 다 그릴 필요 없습니다. 방금 그려본 3명의 가위바위보 패턴은 A가 주먹을 냈을 때 B가 무엇을 내든 비길 확률은 하나입니다. 그러니 남은 9×2 패턴들도 유사한 경우의 수입니다. 그래서 막상 수형도를 계속 그리다 보면 다 그리기도 전에 $\frac{1}{3}$이라는 답이 보입니다.

연속하는 확률과 수형도

수형도는 일어날 수 있는 모든 결과 중, 어떤 결과를 뽑더라도 발생할 확률이 모두 같은 경우가 **아닐 때도** 쓰일 수 있습니다.

❓ 문제

A씨와 B씨가 어떤 게임을 합니다. A씨가 이길 확률은 80%입니다. 이 게임을 3번 해서 A씨가 더 많이 이길 확률은?

게임을 3번 해서 A씨가 2번 이길 확률을 수형도로 그려봅시다.

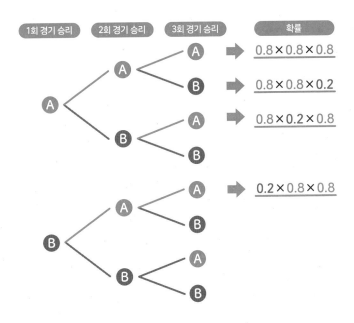

모두 8개의 게임 결과 A씨가 더 많이 이기는 패턴은 절반인 4개입니다. 모든 경우의 수를 생각해야 한다면 확률이 50%이지만 이번 문제는 아닙니다.

게임을 한 번만 했을 때 A가 이길 확률은 80%입니다. 그래서 수형도 맨 위처럼 A씨가 3연승할 경우의 확률은 '0.8×0.8×0.8'입니다.

곱셈을 하는 이유는 **'확률의 곱셈 정리'** 때문이며, 이 정리를 이용하는 이유는 다음과 같습니다.

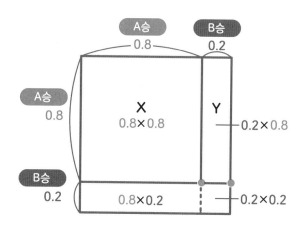

연속하는 확률의 경우 첫 번째 경기의 결과를 '가로', 두 번째 경기의 결과를 '세로'라고 생각해봅시다. 예를 들어 A씨가 2회 이길 확률은 '넓이 X', 첫 번째 경기에서 B씨, 두 번째 경기에서 A씨가 이길 확률은 '넓이 Y', 즉 '가로와 세로의 곱'으로 생각할 수 있는 법칙입니다.

또한 **이 정사각형은 '1'이라는 모든 확률을 나타내므로 방금 살펴본 '넓이'는 이 정사각형에서 차지하는 비율을 말합니다.**

최종적으로 A씨가 더 많이 이길 4개의 패턴의 확률을 모두 더할 필요가 있습니다. 그러므로 '(0.8×0.8×0.8)+(0.8×0.8×0.2)+(0.8×0.2×0.8)+(0.2×0.8×0.8)=0.896'입니다. A씨가 더 많이 이길 확률은 89.6%입니다.

이 문제에서 알 수 있는 교훈은 강한 사람과 대결할 때는 한 번에 승부를 내라는 것입니다. 오래 싸울수록 패배할 확률이 높아지기 때문이지요.

네 걸음 '그럴 경우는 몇 가지?' 의외로 심도 깊은 '경우의 수'

중학교~ 고등학교

'개성'은 일단 제쳐두고 정확한 수를 알고 싶다

'경우의 수'란 수학에서 '어떤 사건이 일어날 가짓수'를 말합니다.

그리고 확률이란 어떤 일이 일어날 가능성을 비율로 나타낸 것입니다. 사건이 일어날 가짓수는 분모에 해당하므로 '두 걸음'에서 살펴보았듯이 올바른 확률을 구하는 데 빼놓을 수 없는 '무기'입니다.

수형도에서는 '가짓수'를 모두 그림으로 그렸습니다. 하지만 이번에는 **어떤 사건이 일어날 가짓수를 계산으로 구하고자** 합니다.

? 문제

다음과 같이 바둑판 모양의 길이 있습니다.
출발점에서 도착점까지 이동하는
최단거리의 수는 몇 가지일까요?

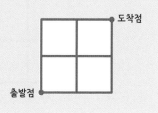

'최단거리'이므로 이미 지나간 길을 다시 지나가거나 더욱 멀어지는 방향으로 갈 수 없습니다. 위로 혹은 오른쪽으로만 나아가서 도착점까지 가는 방법이 몇 개 있는지를 구해야 합니다. 그러면 다음과 같은 방법들이 있습니다.

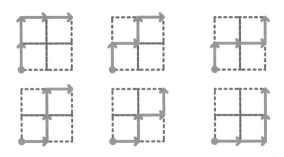

위 그림과 같이 모두 6가지입니다.

그렇다면 이 문제를 푼 과정을 염두에 두고 다음 문제를 풀어봅시다.

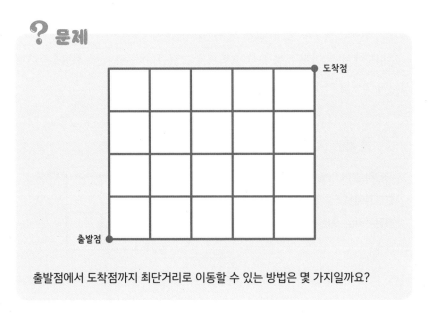

출발점에서 도착점까지 최단거리로 이동할 수 있는 방법은 몇 가지일까요?

이전 문제는 직접 세어볼 수 있을 정도로 쉬웠지만 이 문제는 그리기가 너무 어려우니 이렇게 생각해봅시다.

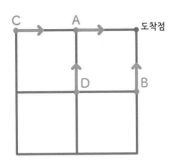

도착점으로 가기 위해서는 A 혹은 B를 꼭 지나가야 합니다. 그러므로 A로 가는 가짓수와 B로 가는 가짓수를 더하면 됩니다.

A로 가는 가짓수는 C 혹은 D를 지나가야 하므로 C로 가는 가짓수와 D로 가는 가짓수를 더하면 됩니다. 출발점에 가까운 순서대로 덧셈하면 마지막 도착점까지 가는 방법이 몇 개인지 구할 수 있습니다.

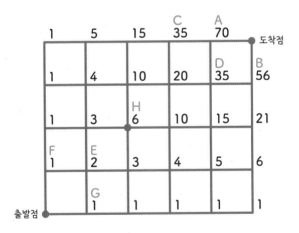

출발점에서 위로 쭉 올라가는 가짓수와 오른쪽으로 쭉 이동하는 가짓수는 한 가지밖에 없습니다. 그러면 E로 이동하는 가짓수는 F와 G로 가는 가짓수가 각각 1이므로 더해서 2개입니다.

이렇게 더해나간 수를 계속 적습니다. H는 처음에 풀었던 문제의 도착점과 같은 위치이므로 6개의 가짓수가 있습니다.

이렇게 점점 더해가면 결국 A로 이동하는 가짓수는 70개, B로 이동하는 가 짓수는 56개입니다. 두 수를 더한 126개가 출발점에서 도착점까지 최단거리 로 이동하는 방법의 가짓수입니다. 꽤 많습니다. 가짓수가 너무 많아 직접 세 어보는 데도 시간이 많이 걸릴 뿐 아니라 빼먹거나 중복으로 세더라도 실수를 알아차리기 어렵습니다.

이 무기에서 가장 감동적인 부분이 있습니다. 예를 들어 6이라고 하면 이 숫자에 이르기까지 각기 다른 길이 있는데, 이를 이용하면 그 다른 길들을 모 두 무시할 수 있습니다. 즉, '중복을 피한다는 것'이지요.

고등학교 수학에서는 이런 사고방식이 더욱 진화하여 문제를 다음과 같이 풀 수 있습니다. **'오른쪽으로 5번 위로 4번 움직여서 도착점까지 이동할 수 있 는 최단거리의 경우의 수는?'** 다음과 같이 계산으로 풀어낼 수 있습니다.

$$_9C_4 = \frac{9 \times 8 \times 7 \times 6}{4 \times 3 \times 2 \times 1} = 126$$

또한 계속 더하기만 하는 방법은 깨끗한 바둑판이 아니라 중간에 끊기는 지 점이 있어도 이용할 수 있습니다.

I부터 J로 가는 길이 없으므로 J로 가는 방법 은 H와 I를 더할 수 없 습니다. 그러므로 H까 지 가는 가짓수도 그대 로 6개입니다.

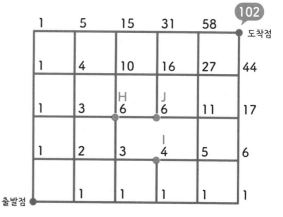

나머지는 하던 대로 더해나가면 됩니다. 최종적으로 도착점까지 이동하는 가짓수는 102개입니다.

빠짐없이, 겹치지 않게

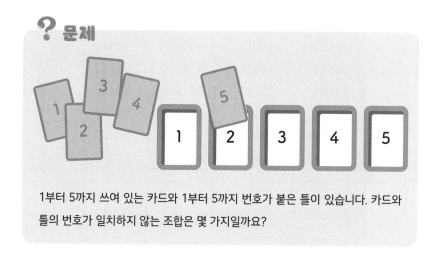

? 문제

1부터 5까지 쓰여 있는 카드와 1부터 5까지 번호가 붙은 틀이 있습니다. 카드와 틀의 번호가 일치하지 않는 조합은 몇 가지일까요?

'몇 가지'이므로 이 또한 경우의 수를 묻는 문제입니다. 이 문제에서 알아야 하는 부분은 '빠짐없이, 겹치지 않게' 정리하는 방법입니다.

수형도를 그릴 때도 중요합니다. 하지만 많은 수를 셀 때는 **자신만의 규칙을 정할 필요가 있습니다.** 대표적으로 오름차순이 있습니다. 작은 수부터 큰 수로 정리하는 방법입니다.

이 문제로 예를 들어보겠습니다. 지문에서 테두리 번호와 카드 번호가 일치하지 않아야 한다는 조건이 걸려 있습니다. 그러므로 첫 자리에 1이 올 수는 없습니다. 따라서 1 다음으로 작은 수인 2가 선두에 오는 경우부터 시작합니다. 이제 규칙을 만들었으니 나머지 숫자들을 오름차순으로 정리해봅시다.

선두가 2	선두가 3	선두가 4	선두가 5
21453	31254	41253	51234
21534	31452	41523	51423
23154	31524	41532	51432
23451	34152	43152	53124
23514	34251	43251	53214
24153	34512	43512	53412
24513	34521	43521	53421
24531	35124	45123	54123
25134	35214	45132	54132
25413	35412	45213	54213
25431	35421	45231	54231

작은 순서대로 각 선두마다 11개의 가짓수가 있으므로 모두 합쳐서 44개입니다. 그저 순서를 적었을 뿐이지만 나름대로 규칙을 정한 덕분에 빠지거나 겹친 것이 없습니다. **누가 봐도 이 조합이 전부라고 명쾌하게 설명할 수 있습니다.**

대충 손 가는 대로 조합을 짠다면 언제 끝날지도 모르고 정말로 그게 전부인지도 확신이 서지 않을 것입니다.

역시 규칙을 정하지 않으면 '빠짐없이, 겹치지 않게' 가짓수를 센다는 것은 의외로 어렵습니다.

포함배제의 원리

'네 걸음'에서 '가짓수'를 계산으로 구한다고 했습니다. 카드와 틀 문제도 계산으로 풀 수 있습니다. 하지만 고등학교 수학의 계산이 필요하므로, 그 사고방식을 알려 드리고자 합니다.

카드와 틀 문제를 바꿔 말하면 이렇습니다. "'1번 틀에 1번 카드가 없다', '2번 틀에 2번 카드가 없다', '3번 틀에 3번 카드가 없다', '4번 틀에 4번 카드가 없다', '5번 틀에 5번 카드가 없다' 이 조건을 모두 만족하는 경우의 수는 몇 가지인가?"

전체

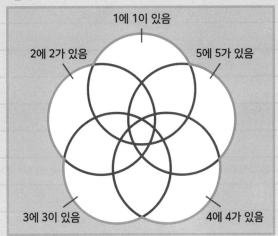

이것은 카드와 틀의 번호가 서로 일치하지 않는 조합을 찾는 문제이므로 위의 벤 다이어그램에서 색칠한 영역을 구해야 합니다. 즉, '(모든 조합) - (색칠한 조합)'이 44개라는 계산이 나옵니다.

하지만 실제로 계산하는 경우 색이 칠해지지 않은 부분에서 각 원이 겹치는 부분에 주의하면서 가짓수를 정확히 세기는 어렵습니다. 예를 들어 다음과 같은 부분입니다.

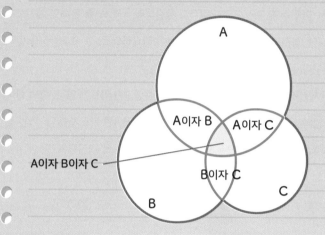

A : 70 / B : 60 / C : 50

A이자 B : 20 / A이자 C : 10 / B이자 C : 10

A이자 B이자 C : 5

3개의 원 내부를 '빠짐없이 겹치지 않게 몇 가지'인지 파악하기 위해서는 '(전체 개수 A+B+C)−(겹친 부분)+(두 번 뺀 부분)'이라고 계산합니다. 겹친 부분이란 'A이자 B', 'A이자 C', 'B이자 C'를 말합니다. 하지만 'A이자 B이자 C' 부분은 세 번 뺐으므로 한 번 돌려놓아야 합니다.

그러므로 '(70+60+50)−(20+10+10)+5=145'가 됩니다.

이런 계산 방식을 '포함배제의 원리'라고 합니다. 카드와 틀 문제도 먼저 이 요령으로 색이 칠해지지 않은 부분의 개수를 구하고 전체 개수에서 빼는 전략이 성립하는 이유입니다.

다섯 걸음 확률로 꿈을 재보는 '기댓값'

고등학교

복권 1장의 실제 가치는?

복권으로 꿈을 산다고 하는데, 확률을 이용해서 꿈의 실제 가치를 숫자로 표현할 수 있습니다. 이를 '기댓값'이라고 합니다.

기댓값이란 어느 확률 과정을 무한히 반복했을 때, 한 번의 시행이 결과적으로 가져올 수 있는 값의 평균치를 말합니다. 그러므로 복권 1장에는 실제로 어느 정도의 가치가 있는지 확률로 알 수 있습니다.

2020년 연말 점보복권

- 번호＝100000~199999(10만 장)
- 조합＝001~200가지
- 10만(장)×200(가지)＝2000만(장)이 1유닛
- 복권은 1장에 300엔으로 판매

7등	하위 1자리가 일치하여 300엔
6등	하위 2자리가 일치하여 3000엔
5등	하위 3자리가 일치하여 1만 엔
4등	하위 4자리가 일치하여 5만 엔
3등	조합과 하위 1자리가 0 혹은 2이고 번호가 일치하여 100만 엔
2등	조합과 번호가 일치하여 1000만 엔
조합이 다른 1등	번호가 일치하여 10만 엔
1등의 전후상	조합과 번호가 일치하여 1억 5천만 엔
1등	조합과 번호가 일치하여 7억 엔

이것이 일본 점보복권의 기본 정보입니다. 예를 들어 7등밖에 없는 복권이 있다고 합시다. 이런 복권은 아무도 사지 않겠죠? 그래도 편의상 기댓값을 구한다면 다음과 같습니다.

7등은 하위 1자리가 일치하면 됩니다. 그러므로 10장 중에 1장이 당첨이므로 확률은 $\frac{1}{10}$이고, 당첨되지 않을 확률은 $\frac{9}{10}$입니다.

그리고 결과(상금)와 일어날 확률을 곱하고 모두 더한 것이 기댓값이 됩니다.

$$\frac{1}{10} \times 300\,(엔) + \frac{9}{10} \times 0\,(엔) = 30\,엔$$

이와 같이 7등밖에 없는 300엔짜리 복권 1장의 기댓값은 30엔밖에 없습니다. 그러므로 기본적으로 270엔 손해를 본다는 말이 됩니다.

그러면 점보복권은 상이 너무 많아서 힘들겠지만 기댓값을 구해보고자 합니다. 좋은 문제 풀이 연습이 되겠지만 결국 같은 계산을 여러 번 반복하므로 눈으로 쭉 보기만 해도 좋습니다.

7등 앞에서 계산한 대로 기댓값은 30

6등 하위 2자리가 일치하므로 확률은 $\frac{1}{100}$
상금인 3000엔을 곱하면 기댓값은 30

5등 하위 3자리가 일치하므로 확률은 $\frac{1}{1000}$이지만, 당첨 번호는 3가지 있으므로 $\frac{3}{1000}$ 상금인 1만 엔을 곱하면 기댓값은 30

4등 하위 4자리가 일치하므로 확률은 $\dfrac{1}{10000}$

상금인 5만 엔을 곱하면 기댓값은 5

3등 조금 복잡하지만 전체 200 조합에서 하위 1자리가 0 혹은 2인 조합은 40개. 한편 각 조합당 1장의 당첨 번호가 있으므로 1유 닛 2000만 장 속에 40장의 당첨이 있습니다. 그러므로 확률은 $\dfrac{1}{50만}$ 입니다. 그리고 상금은 100만 엔을 곱하면 기댓값은 2

2등 조합과 번호가 일치하므로 확률은 $\dfrac{1}{2000만}$ 입니다. 하지만 당첨 번호는 4장 있습니다. 그러므로 $\dfrac{4}{2000만}$ 에 상금 1000만 엔을 곱 하면 기댓값은 2

조합이 다른 1등 번호가 일치하지만 1등은 아니므로 조합 200개 중 199개가 해당합니다. 확률은 $\dfrac{1}{10만} \times \dfrac{199}{200}$

이 확률에 상금 10만 엔을 곱하면 기댓값은 $\dfrac{199}{200}$

1등 전후상 조합과 번호가 일치하지만 1등 번호의 앞뒤이므로 2장 이 당첨입니다. 확률 $\dfrac{2}{2000만}$ 에 상금 1억 5000만 엔을 곱하면 기댓값은 15

1등 조합과 번호가 일치하므로 확률 $\dfrac{1}{2000만}$ 에 상금 7억 엔을 곱하면 기댓값은 35

이상입니다. 1등밖에 없는 경우일 때의 기댓값이 가장 높았던 것은 의외입니다.

그렇다면 복권 전체의 기댓값을 구하려면 앞에서 구한 모든 기댓값을 구하면 됩니다. '$30+30+30+5+2+2+\dfrac{199}{200}+15+35 = 149+\dfrac{199}{200}$'입니다. 거의 150이 이 복권의 기댓값입니다.

1장에 300엔짜리 연말 점보복권의 실제 기댓값은 약 150엔입니다. 그러므로 해당 복권을 구매한 금액의 거의 절반 정도만 돌아온다 하더라도 기댓값대로이므로 망연자실할 필요 없습니다. 극히 일반적인 결과임을 받아들이고 납득해야 합니다.

1등에 당첨되고 싶은 '마음'은 당연합니다. 하지만 돈을 걸 때는 앞으로 꼭 기댓값을 염두에 둡시다. 이 복권의 기댓값이 350엔이라면 복권을 살수록 돈이 모입니다. 돈이 되는 대로 싹 다 쓸어 모아야 합니다. 하지만 세상일이 그리 쉽게 돌아가지는 않겠지요.

➕ 수학 칼럼

상트페테르부르크의 역설

역설이란, 언뜻 보면 논리적으로나 실제로도 일리가 있지만 모순을 일으키거나 잘못된 이야기를 말합니다. 이와 관련해서 수학자 요한 베르누이가 생각한 게임 이야기가 있습니다.

동전을 던질 때 앞면이 나오면 멈추고, 뒷면이 나오면 계속 던지는 게임입니다. 첫 번째 실행에서 앞면이 나오면 1엔, 두 번째에서 앞면이 나오면 2엔, 그렇게 앞면이 나올 때까지 던질 때마다 4엔, 8엔…… 등으로 상금이 2배씩 불어납니다.

그렇다면 이 게임의 참가비를 얼마로 책정해야 하느냐가 이 역설에서 가장 중요한 부분입니다. 연말 점보복권 문제에서 보았듯이 게임 참가비는 기댓값보다 높아야 합니다. 그렇지 않으면 주최자가 일방적으로 손해를 보니까요. 이 게임을 손해 없이 운영하려면 먼저 기댓값을 알아야 합니다.

이 게임의 기댓값을 생각해봅시다. 첫 번째부터 갑자기 앞면이 나올 확률은 $\frac{1}{2}$입니다. 그리고 여기에 상금 1엔을 곱하면 기댓값은 $\frac{1}{2}$입니다.

첫 번째에서 앞면 ➡ 상금 1엔	네 번째에서 앞면 ➡ 상금 8엔
두 번째에서 앞면 ➡ 상금 2엔	다섯 번째에서 앞면 ➡ 상금 16엔
세 번째에서 앞면 ➡ 상금 4엔	여섯 번째에서 앞면 ➡ 상금 32엔

첫 번째는 뒷면, 두 번째는 앞면이 나올 확률은 연속된 확률(209쪽 참고)이므로 $\frac{1}{2} \times \frac{1}{2}$ 입니다. 상금은 2엔이므로 확률 $\frac{1}{4}$에 2를 곱하면 역시 기댓값은 $\frac{1}{2}$ 입니다. 뒷면이 나올수록 확률은 계속 반으로 줄어들지만 상금 자체는 배가되므로 언제 게임이 끝나도 기댓값은 $\frac{1}{2}$ 입니다. 그렇다면 이 게임 자체의 기댓값은 $\frac{1}{2}$을 무한히 더해야 한다는 말이 됩니다. 끝없이 $\frac{1}{2}$을 더하므로 게임 자체의 기댓값은 매우 높아집니다. 그러므로 억만금을 주고서라도 이 게임에 참가해야 할까요? 참가비가 1억 엔이어도 해야 할까요?

복권 문제에서 계산해본 기댓값을 생각하면 그래야 하지만, 이런 게임에 1억 엔을 주고 참가할 생각은 들지 않지요? 아무리 기댓값이 무한대라고 한들, 다섯 번 연속으로 뒷면이 나오기도 어렵습니다. 운이 좋아서 여섯 번까지 게임을 진행했다고 한들 상금은 겨우 32엔에 불과합니다.

이런 모순이 느껴지는 논리가 바로 역설입니다. 즉, 기댓값에 상한선을 설정하지 않으면 현실과 동떨어진 이상한 사태가 발생할 수 있습니다.

이 게임의 상한선이 30회라고 했을 때, 30회 연속 뒷면이 나오면 상금은 약 10억 엔 정도입니다. 31회째 동전을 던져도 앞뒤 상관없이 게임을 끝낸다고 하면 그때의 확률은 1입니다.

그러므로 기댓값은 '$\frac{1}{2} \times 30 + 1 = 16$(엔)'입니다.

여러분은 참가비가 얼마이면 게임에 도전하실 건가요?

사실은 꽤 어려운 '조건부확률'

처음 보는 사람은 대부분 틀리는 문제

🤔 문제

당신 눈앞에 3개의 문이 있습니다.

그중 하나가 상품을 받을 수 있는 당첨이 걸린 문입니다.

먼저 당신은 아무 문이나 선택할 수 있습니다. 주최자는 당신이 선택하지 않은 2개의 문 중에 꽝인 문을 열었습니다.

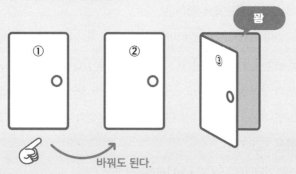

바꿔도 된다.

여기서 당신은 처음에 고른 문과 남은 문 중에 다시 선택할 수 있습니다. 그렇다면 당신은 선택을 바꾸시겠습니까? 아니면 유지하시겠습니까?

이것은 유명한 '몬티 홀 문제'입니다. 맨 처음 이 문제를 접했을 때 정답을 알았지만 믿을 수 없을 정도로 예상 밖의 문제였습니다.

처음 도전하는 사람은 이유를 생각하면서 답을 구해봅시다.

처음에 3개의 문 중에 하나를 선택합니다. 그 선택이 정답일 확률은 $\frac{1}{3}$입니다. 여기까지는 확률의 기본 그대로입니다.

선택한 문이 당첨이든 아니든 남은 두 문에는 하나 이상의 꽝이 있습니다. 그중 꽝인 문 하나를 주최자가 엽니다. 이 조건이 문제에서 가장 중요한 부분입니다.

선택한 문을 바꾸든 안 바꾸든 50%의 확률이니 안 바꿀까 하고 고민하는 분들이 많을 겁니다. 하지만 이 생각은 주최자가 문을 연다는 조건을 무시했습니다. '두 걸음'에서 잠깐 다룬 '조건부확률' 문제입니다. 그렇다면 이 조건을 어떻게 다룰까요?

당신이 선택을 바꾸지 않았을 때 당첨될 확률은 $\frac{1}{3}$ 그대로입니다. 하지만 당신이 선택을 바꾸었을 때 당첨될 확률은 $\frac{2}{3}$로 2배가 되므로 <u>무조건 바꾸는 것이 유리합니다.</u>

무슨 말인지 잘 모르겠다고요? 저도 이 문제를 처음 접했을 때는 그랬습니다. **사실은 주최자가 문을 연 순간 조건이 바뀌었습니다.** $\frac{1}{3}$을 고를 조건에서 $\frac{2}{3}$를 고를 조건으로요.

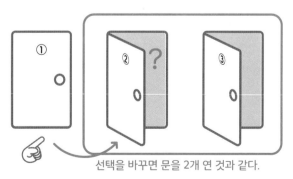

선택을 바꾸면 문을 2개 연 것과 같다.

즉, 당신이 선택을 바꾸면 문을 2개 연 것과 마찬가지입니다. 혹시 아직도 잘 와 닿지 않나요?

그렇다면 당첨인 문을 미리 알고 생각해봅시다. 다음을 보면 선택을 바꾸는 쪽이 더 좋다고 느낄 겁니다.

다음 조건으로 당신은 ①을 선택하고 무조건 선택을 바꾼다고 합시다.

①이 당첨일 경우	당신은 ①을 선택하고 그다음에 ② 아니면 ③을 선택하므로 꽝입니다.
②가 당첨일 경우	당신은 ①을 선택하고 그다음에 주최자가 ③을 열었으므로 선택을 바꾸면 당첨됩니다.
③이 당첨일 경우	당신은 ①을 선택하고 그다음에 주최자가 ②를 열었으므로 선택을 바꾸면 당첨됩니다.

이렇게 무조건 선택을 바꾸면 당첨 확률이 $\frac{2}{3}$가 됩니다.

하지만 우리는 선택을 바꿔서 꽝이면 더 억울하니 끝까지 밀고나간다는 식으로 전혀 수학적이지 않은 선택을 하고 후회합니다.

우리는 사람이니 감정에 좌우되곤 합니다. 그렇지만 **확률을 올바르게 계산한 뒤에 선택해야 이득입니다.** 이 '길'에서 말씀드린 대로 함정을 피하기 위해 꼭 필요한 사고방식과 '무기'를 익혀두시기 바랍니다.

참고로 조건부확률은 '베이즈의 정리'라고 하여 기계적으로 쓸 수 있는 '무기'도 있습니다. 흥미가 있다면 한번 살펴보시기 바랍니다.

퀴즈왕 쓰루사키의 도전장!

10계단

문제편

이제부터 당신은 10계단을 오릅니다.

오르는 방법은 다음의 2가지가 있습니다.

Ⓐ 1단씩 오르기

Ⓑ 1단 건너뛰고 오르기(한 번에 2단씩 오르기)

① 전부 1단씩 오르기

② 처음은 2단 그다음은 1단

③ 처음은 1단 그다음은 2단

그렇다면 10계단을 오르는 방법은 몇 가지 있을까요?

➡ 해답은 288쪽

한 걸음　　초등학교에서 배우는 나눗셈의 답의 종류는 2가지다　　　　　　　　　　　　(초등학교)

두 걸음　　나머지가 없는 세계, 소인수분해, 공약수, 공배수　　　　(초등학교~중학교 1학년)

세 걸음　　가장 오래된 알고리즘, '유클리드의 호제법'　　　　　　　　　　　　　(고등학교)

네 걸음　　프로그래밍에서 중요한 것 ① '정말 끝이 있나?'　　　　　　　(초등학교, 고등학교)

다섯 걸음　프로그래밍에서 중요한 것 ② '계산은 적을수록 좋다'　　　　　　(중학교 3학년)

여섯 걸음　정수의 답을 원하면 정수로 풀자　　　　　　　　　　　　　　　　(고등학교)

제6장

정수의 길

초등학교에서 배우는 나눗셈의 답의 종류는 2가지다

'수의 길'과는 다른 수의 길?

왜 하필 지금 '정수의 길'일까요?

이렇게 생각하는 분들도 많을 겁니다. 이미 '수의 길'에서 정수를 배웠으니까요. 그래도 정수를 더 자세히 알아보는 이유는 **수학의 세계에서는 정수로만 성립되는 것들이 많기 때문**입니다.

그 기원은 초등학교 수학의 나눗셈에 있습니다. **'나눗셈은 두 종류의 답이 있다'**는 말에서 떠오르는 것이 있나요?

하나는 '$3 \div 2 = 1.5 = \frac{3}{2}$'이라는 답입니다. 이 책에서는 당연하다는 듯이 이런 답을 쓰고 있습니다. 특히 분수는 나누는 수를 분모, 나누어지는 수를 분자로 보면 어떤 경우에서도 나눗셈을 할 수 있습니다.

그리고 나머지 하나는 '$3 \div 2 = 1$ 나머지 1'이라는 답입니다. 이렇듯 초등학교에서는 나눗셈의 답을 몫과 나머지를 쓰도록 배웁니다. 하지만 엄밀히 말해서 이 답은 틀렸습니다. 적어도 수학자는 이런 답을 쓰지 않습니다. 왜 그럴까요? 조금 생각해보시기 바랍니다.

예를 들어 초등학교 기준으로 '$6 \div 5 = ?$'라는 문제의 답도 '1 나머지 1'입니다. '$3 \div 2 = 6 \div 5$'이라고 하는 것과 다름없기 때문입니다.

$$3 \div 2 = 6 \div 5$$

↓ 이 식을 분수로 나타내면……

$$\frac{3}{2} = \frac{6}{5} \quad \boxed{?}$$

↓ 양변에 10을 곱해서 정수로 나타내면……

$$15 = 12 \quad \boxed{??}$$

위와 같이 되므로 '3÷2 = 1 나머지 1'과 같이 좌변과 우변이 같지 않으므로 '=' 등호로 표시해서는 안 됩니다.(이 책에서는 '→'로 표시하겠습니다.)

그렇다면 어떻게 표시하면 좋을까요? '3÷2 = 1 나머지 1'에 담긴 '마음'을 생각해봅시다.

'3에는 2가 하나 있고 1이 남는다'

↓ 반대로 말하면……

'2가 하나 있고 1을 합치면 3'

↓ 식으로 표현하면……

$$3 = 2 \times 1 + 1$$

위와 같이 써야 할 것입니다.

나누어지는 수인 3을 주역으로 두고 나머지를 우변에 적는 나눗셈의 표현 방법이 곧 '정수의 길'입니다.

한마디로 **모두 정수로만 해결하자는** 말입니다. 소수나 분수, 그 외 실수를 쓰지 않고 말이에요.

예를 들어 친구 3명이 나눠 먹을 과자를 산다고 가정합니다. 과자봉지에 과

자가 몇 개 들어 있는지 신경 쓸 것입니다. 4개이면 3명이 나눠 먹기에 애매하므로 6개를 산다거나 하는 식으로 말이지요. 이런 경우뿐만 아니라 현실적인 문제에서도 정수로만 생각하고 싶은 때가 많습니다.

'**수의 길**'**에서 개념 자체는 많이 확장되었지만, 제대로 살펴보지 못한 정수의 성질이 있습니다.** 처음에 말했듯이 정수가 아니면 성립하지 않는 성질들 말입니다.

그러므로 '정수의 길'은 '수의 길'의 일부가 아닌 나눗셈의 답에서 점점 개념을 넓혀가는 조금은 다른 세계의 이야기입니다.

'공약수'와 '최대공배수'의 관계

정수로만 성립하는 성질이 있다는 말과 모두 정수로만 해결한다는 말은 무슨 의미일까요? 먼저 다음 문제를 살펴봅시다.

? 문제

12개의 쿠키와 18개의 사탕이 있습니다.
남김없이 모든 사람에게 똑같이 배분하려면 몇 명이 있어야 할까요?

나머지가 생기면 안 되므로 12와 18을 모두 남김없이 나눌 수 있는 수를 찾아야 하는 '공약수' 문제입니다. 원래 '약수'란 남김없이 나누어떨어지는 정수를 뜻하므로 이것이야말로 정수여야만 성립하는 이야기입니다. '분수나 소수의 최대공약수는 없다'(45쪽 참고)는 점도 살펴보았습니다.

물론 1부터 차근차근 나누어떨어지는지 살펴보아도 시간이 그렇게 많이 걸리지 않습니다. 하지만 **'공약수란 최대공약수의 약수'**임을 알아야 합니다. 이 문제의 최대공약수는 6입니다. 6의 약수는 곧 12와 18의 공약수이고 위 문제의 답입니다. 공약수로 이루어진 인원수라면 쿠키와 사탕을 남김없이 나눌 수 있습니다. 1명밖에 없다면 혼자 다 먹을 수 있지만요.

최대공약수와 최소공배수의 특효약

정수란 '음의 정수', '0', '자연수(＝양의 정수)'로 이루어져 있습니다. 자연수에는 소수(素數)라고 하여 약수가 1과 자기 자신밖에 없는 수가 있습니다(일반적으로 1은 소수에 포함하지 않음). 1~20까지 자연수 중에서 가장 작은 소수는 2입니다. 그리고 3, 5, 7, 11, 13, 17, 19가 있습니다. 이들은 1과 자기 자신만을 약수로 가지는 수들입니다.

그리고 증명하기 어려우므로 이 책에서는 다루지 않지만 '모든 자연수는 소수만의 곱셈으로 나타낼 수 있는 성질이 있습니다'(배치 순서를 생각하지 않으면 단 한 가지 방법만 있다). 그리고 이렇게 표현하는 방법을 소인수분해라고 합니다. 이 무기를 쓰면 약수나 배수를 쉽게 구할 수 있습니다.

? 문제

384와 160의 최대공약수는?

앞에서 본 문제와 달리 답이 쉽게 나오지 않습니다. 이럴 때 소인수분해를 합니다. 계속 작은 소수로 나눠가면 됩니다.

$(384 \div 2 = 192) \Rightarrow (192 \div 2 = 96) \Rightarrow (96 \div 2 = 48)$

$\Rightarrow (48 \div 2 = 24) \Rightarrow (24 \div 2 = 12) \Rightarrow (12 \div 2 = 6)$

$\Rightarrow (6 \div 2 = 3) \Rightarrow (3 \div 3 = 1) \Rightarrow$ 그러므로 $(384 = 2^7 \times 3)$

$(160 \div 2 = 80) \Rightarrow (80 \div 2 = 40) \Rightarrow (40 \div 2 = 20)$

$\Rightarrow (20 \div 2 = 10) \Rightarrow (10 \div 2 = 5) \Rightarrow (5 \div 5 = 1)$

$\Rightarrow$ 그러므로 $160 = 2^5 \times 5$

공약수는 두 수를 모두 남김없이 나누어떨어뜨리면 됩니다. 두 수는 2와 5로 나누어떨어졌습니다. 그러므로 그 사이에 있는 $2 \sim 2^4$는 공약수이고 '$2^5 = 32$'가 최대공약수입니다. '공약수는 최대공약수의 약수'이기 때문입니다(하지만 공약수에 1도 포함되므로 주의).

그리고 **소인수분해**를 해서 **최소공배수**도 바로 알 수 있습니다. 문제에서 주어진 두 수의 최소공배수를 구하려면, 최소공배수는 주어진 두 수로 나누어떨어져야 하므로 큰 수를 선택합니다.

나의 체크

'$384 = \boxed{2^7} \times \boxed{3^1} \times 5^0$'   '$160 = 2^5 \times 3^0 \times \boxed{5^1}$'

이 식들은 두 수를 구성하는 모든 소인수를 개수에 따라 서로 유사한 형태로 표현했습니다. 큰 수를 선택한다는 말은 각 소수의 거듭제곱의 지수(같은 수를 곱한 횟수를 표현한 부분)가 더 큰 쪽을 선택하는 것입니다. 이 경우는 2^7, 3^1, 5^1을 골라 모두 곱하면 됩니다. '$2^7 \times 3^1 \times 5^1$' 식을 계산하면 최소공배수는 1920입니다.

반대로 최대공약수는 거듭제곱이 작은 것들을 골라 모두 곱하면 됩니다. $2^5 \times 3^0 \times 5^0 = 32$로, 앞에서 풀어낸 답과 일치합니다.

이렇게 초등학생이 어려워

> **0제곱**
> '$a^1 = a$', '$a^2 = a \times a$'와 같이 제곱을 거듭할수록 a배가 된다는 사실은 알 것입니다. 하지만 반대로 지수가 줄어들면 $\frac{1}{a}$이 됩니다. a^0란 '$a^1 = a$'에 $\frac{1}{a}$을 곱한 수이므로 $a^0 = 1$이 됩니다.

하는 최대공약수와 최소공배수 문제는 소인수분해를 이용할 수 있습니다. 어떤 수도 정해진 순서만 따르면 알 수 있습니다. 이 책에서 이런 순서를 특효약이라고도 표현하는데, 이미 알고리즘이 확립되었다는 말이기도 합니다.

찾기 힘든 최소공배수를 편하게!

두 수의 **최대공약수와 최소공배수를 곱하면 원래 수의 곱이 된다**는 사실을 깨달았다면 정말 대단합니다.

구체적으로 살펴보겠습니다. 384와 160의 최대공약수 32와 최소공배수 1920을 곱하면 원래 두 수의 곱인 '384×160＝61440'과 같습니다. 직접 해보시기 바랍니다. 어찌 보면 매우 당연한 이유입니다. 앞에서 소수의 거듭제곱으로 소인수분해를 하고 그다음에 각각의 값을 구했을 때를 생각해보시기 바랍니다.

최소공배수는 각 소수의 거듭제곱에서 가장 큰 부분만 골라서 곱했습니다. 반대로 최대공약수는 각 소수를 거듭제곱에서 가장 작은 부분만 골라서 곱했습니다. 결국 두 수를 이루는 모든 거듭제곱을 각자 필요에 따라 선택했으므로, 결과적으로 최대공약수와 최소공배수의 곱은 원래 두 수를 그대로 곱한 것과 같다는 논리입니다.

❓ 문제

16과 24의 최소공배수는?

숫자가 작으므로 최대공약수는 쉽게 구할 수 있습니다. 8입니다. 하지만 최소공배수는 조금 까다롭습니다. 방금 입수한 '무기'를 쓰면 시행착오 없이도 '16×24＝8×최소공배수'라는 일차방정식과 비슷한 형태로 구할 수 있습니다. 실제로 풀어보면 '최소공배수 $= 16 \times 24 \div 8 = 48$'입니다.

이 성질을 알고 있다면 최소공배수를 직접 찾기보다 파악하기 더 쉬운 최대 공약수를 찾아 직접 방정식을 세워서 푸는 것이 더 쉽습니다. 이와 같이 나머지가 없는 정수의 세계에서도 새로운 수의 성질이 나타납니다.

➕ 수학 칼럼

에라토스테네스의 체

소수는 무한대로 있습니다. 지정된 범위 안에서 소수를 찾으려면 다음과 같은 알고리즘적인 방법을 이용할 수 있습니다.

$$\boxed{2}\ \boxed{3}\ \ \cancel{4}\ \ \boxed{5}\ \ \cancel{6}\ \ \boxed{7}\ \ \cancel{8}\ \ \cancel{9}\ \ \cancel{10}$$
$$\boxed{11}\ \cancel{12}\ \boxed{13}\ \cancel{14}\ \cancel{15}\ \cancel{16}\ \boxed{17}\ \cancel{18}\ \boxed{19}\ \cancel{20}$$
$$\cancel{21}\ \cancel{22}\ \boxed{23}\ \cancel{24}\ \cancel{25}\ \cancel{26}\ \cancel{27}\ \cancel{28}\ \boxed{29}\ \cancel{30}$$

예를 들어 1~30까지 소수를 찾는다고 가정합니다. 가장 작은 소수를 찾고 그 배수를 30이 될 때까지 지워나가는 방법입니다. 먼저 2부터 시작합니다.

그리고 1~30까지 자신을 제외한 모든 2의 배수를 지웁니다. 그다음은 자신을 제외한 3의 배수를 지웁니다. 이렇게 계속 반복하면 됩니다. 위 그림에서는 5의 배수까지 모두 지우고 남은 수들이 바로 1~30 사이에 있는 모든 소수입니다.

세 걸음 가장 오래된 알고리즘, '유클리드의 호제법'

고등학교

어떤 최대공약수도 더욱 간단하게 구하기

'두 걸음'에서는 소인수분해를 이용해서 최대공약수와 최소공배수를 구했습니다. 하지만 학교에서도 배우는 방법이 있지요.

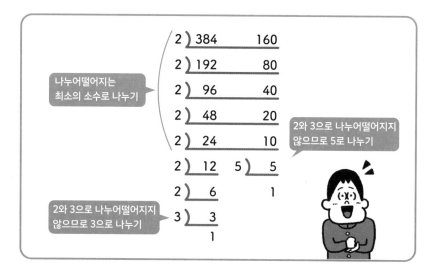

? 문제

362842와 152896의 최대공약수는?

이런 수를 소인수분해한다면 어떨까요?

짝수이므로 처음은 2로 나누면 됩니다. 하지만 그다음 단계에서 탁 막힙니다.

$$2) \quad \underline{362842 \qquad 152896}$$
$$??) \quad \underline{181421 \qquad 76448}$$

여기서 가장 오래된 알고리즘인 '유클리드의 호제법'이 등장합니다. 이를 이용하면 일일이 소인수분해를 하지 않아도 최대공약수를 구할 수 있습니다.

나의 체크

먼저 두 수를 서로 나눕니다.

$362842 \div \underline{152896} \to 2$ 나머지 $\underline{57050}$

⬇ 다음에 나눌 수를 나머지로 나눕니다.

$152896 \div 57050 \to 2$ 나머지 38796

⬇ 이를 반복합니다.

⇒ $57050 \div 38796 \to 1$ 나머지 18254

⇒ $38796 \div 18254 \to 2$ 나머지 2288

⇒ $18254 \div 2288 \to 7$ 나머지 2238

⇒ $2288 \div 2238 \to 1$ 나머지 50

⇒ $2238 \div 50 \to 44$ 나머지 38

⇒ $50 \div 38 \to 1$ 나머지 12

⇒ $38 \div 12 \to 3$ 나머지 2

⇒ $12 \div \boxed{2} = 6($나머지 $0)$

최종적으로 나머지는 0이 되었습니다. 이때 나누는 수가 최대공약수입니다. 이 문제는 2가 답입니다.

사실 소인수분해를 하려다 막혔을 때 나타난 181421은 소수입니다. 그러므로 유클리드의 호제법을 쓰지 않았다면 두 수를 나눌 수 있는 2 다음 소수는 결코 쉽게 찾지 못했을 겁니다. 어차피 없었으니까요.

이렇게 유클리드의 호제법은 나눗셈만 반복해서 최대공약수를 구했습니다. 그렇다면 이제는 왜 이 방법이 성립하는지를 작은 수를 통해 생각해보고자 합니다. 지금부터 정수 나눗셈의 나머지를 표현할 때 다음과 같이 수식 형태로 표시하겠습니다. '$3 = 2 \times 1 + 1$'

문제

24와 18의 최대공약수는?

먼저 나눗셈을 합니다. '$24 \div 18 \rightarrow 1$ 나머지 6'입니다. 이것을 수학적으로 올바른 표현으로 고치면 '$24 = 18 \times 1 + 6$'입니다.

최대공약수를 a라고 한다면 '$24 = a \times \bigcirc$', '$18 = a \times \triangle$'와 같은 형식으로 나타낼 수 있어야 합니다. 그리고 나머지 부분도 a의 배수여야 합니다. 이 문제의 경우는 '$6 = a \times \square$'입니다.

나의 체크

왜냐하면……

$$\underline{24} = \underline{18 \times 1} + \underline{6}$$
$$\underline{a \times \bigcirc} = \underline{a \times \triangle} + \underline{a \times \square}$$

이렇지 않으면 '$24 = a \times \bigcirc$'이라고 할 수 없습니다.

이것은 나누는 수와 나머지는 계속 **최대공약수 a의 배수여야 한다는 말입니다.** 그럼 다음 과정으로 넘어갑시다.

왼쪽과 같은 관계가 성립되었으므로 최대공약수 '$a = 6$'입니다.

또한 '두 걸음'에서 시도했듯이 최대공약수만 알아낸다면 최소공배수도 일차방정식처럼 간단하게 구할 수 있습니다.

나누는 수를 나머지로 나누기

$$18 \div 6 = 3$$

↓ 그러므로

$$\underline{18} = 6 \times 3 + 0$$

$$\underline{a \times \triangle} = \underline{a \times \square}$$

프로그래밍에서 중요한 것 ① '정말 끝이 있나?'

초등학교, 고등학교

정말로 끝이 있나? - 콜라츠 추측

다가올 시대에 중요한 것은 정보과학입니다. 그러므로 컴퓨터와 프로그래밍을 다룰 때 염두에 두어야 하는 것들을 '네 걸음'과 '다섯 걸음'에서 말씀드리려고 합니다. 엄밀히 말하면 정수로만 한정된 이야기는 아닙니다. 하지만 정수로 전달하면 더욱 이해하기 쉬우므로 여기에 수록했습니다.

그 첫 번째는 '정말 끝낼 수 있는가'입니다.

? 문제

어느 자연수가 있습니다. 이것이 짝수면 2로 나눕니다. 홀수면 3을 곱하고 1을 더합니다. 처음 자연수가 어떤 수여도 최종적으로 1이 될 수 있을까요?

어느 자연수가 5라면 홀수이므로 3을 곱해서 1을 더하면 '$5 \times 3 + 1 = 16$'입니다. 16은 짝수이므로 2로 나누면 8입니다. 8은 짝수이므로 2로 나누면 4입니다. 4도 짝수이므로 2로 나누면 2입니다. 마지막은 '$2 \div 2 = 1$'입니다. 최종 결과는 1입니다.

그러면 20은 어떨까요? 똑같은 과정을 거치면 '$20 \rightarrow 10 \rightarrow 5 \rightarrow 16 \rightarrow 8 \rightarrow 4 \rightarrow 2 \rightarrow 1$' 결국 1이 되었습니다. 왠지 어떤 자연수가 나와도 1이 되지 않을까 하는 생각이 듭니다. 방금 20을 시도했으니 이보다 조금 더 큰 27을 시도해봅시다.

27 ➡ 82 ➡ 41 ➡ 124 ➡ 62 ➡ 31 ➡ 94 ➡ 47 ➡ 142 ➡ 71
➡ 214 ➡ 107 ➡ 322 ➡ 161 ➡ 484 ➡ 242 ➡ 121 ➡ 364 ➡
182 ➡ 91 ➡ 274 ➡ 137 ➡ 412 ➡ 206 ➡ 103 ➡ 310 ➡
155 ➡ 466 ➡ 233 ➡ 700 ➡ 350 ➡ 175 ➡ 526 ➡ 263 ➡
790 ➡ 395 ➡ 1186 ➡ 593 ➡ 1780 ➡ 890 ➡ 445 ➡ ……

뭔가 이상해졌습니다. 정말 최종적으로 1이 되면서 끝날까요? 445 다음부터 또 이어가겠습니다.

1336 ➡ 668 ➡ 334 ➡ 167 ➡ 502 ➡ 251 ➡ 754 ➡ 377 ➡
1132 ➡ 566 ➡ 283 ➡ 850 ➡ 425 ➡ 1276 ➡ 638 ➡ 319 ➡
958 ➡ 479 ➡ 1438 ➡ 719 ➡ 2158 ➡ 1079 ➡ 3238 ➡ 1619
➡ 4858 ➡ 2429 ➡ 1079 ➡ 3238 ➡ 1619 ➡ 4858 ➡ 2429
➡ 7288 ➡ 3644 ➡ 1822 ➡ 911 ➡ 2734 ➡ 1367 ➡ 4102 ➡
2051 ➡ 6154 ➡ 3077 ➡ 9232 ➡ ……

결국 9000대 숫자까지 부풀었습니다. 이쯤 되면 불안해집니다. 다음부터는 더 이상 계산하지 않겠습니다. 한번 끝까지 해보시기 바랍니다. 마지막에 1이 되는 감동을 느낄 수 있습니다. 방금 결론을 말했지만 27도 결국은 1이 됩니다. 하지만 모두 111번의 계산이 필요합니다.

이 문제를 '콜라츠 추측'이라고 합니다. 어디까지나 추측이므로 모든 자연수가 이러한 과정을 거쳐서 1이 되는지는 아직 밝혀지지 않았습니다. 그래도 컴퓨터 계산으로 꽤 큰 수까지 1로 끝난다는 사실이 밝혀졌습니다. 즉, '1이 안 나오고 계산이 무한반복'된다는 반례를 아직까지 발견하지 못했습니다. 그리고 모든 자연수가 마지막에 1이 된다는 것 또한 증명하지 못했습니다.

이와 같이 끝이 있는지는 수학적으로 매우 중요합니다.

예를 들어 에어컨을 켰다고 생각합시다. 에어컨은 목표 온도를 설정했을 때 실내 온도가 오르면 내려가도록 작동하고 내려가면 올라가도록 작동합니다. 목표 온도와 현재 온도의 **오차가 적어지도록 프로그램이 작동하는 것입니다.**

하지만 프로그램의 작동이 끝날 줄을 모르고 무한루프에 빠진다면 기계가 위험해집니다. 계산이 끝나지 않으면 에어컨은 스스로 작동을 멈출 것입니다. 프로그램은 돌아가는데 계산은 끝나지 않고 설정한 온도를 무시한다면 기계라고 할 수 없습니다.

그런 관점에서 '세 걸음'에서 설명한 유클리드의 호제법을 살펴봅시다. 예를 들어 '156과 120의 최대공약수'를 생각합니다.

$$156 \div 120 \rightarrow 1 \text{ 나머지 } 36$$
$$120 \div 36 \rightarrow 3 \text{ 나머지 } 12 \quad \Leftarrow \text{ 나누는 수를 나머지로 나눈다.}$$
$$36 \div \boxed{12} \rightarrow 3 \text{ 나머지 } 0 \quad \Leftarrow \text{ 나누어떨어졌다.}$$

12가 최대공약수입니다. **여기서 중요한 것은 유클리드의 호제법은 '끝이 있다'는 점입니다.** 왜 그렇게 말할 수 있을까요? 다루고 있는 수가 '156 > 120 > 36 > 12'로 무조건 작아집니다. 1에 가까워진다는 보장이 있으므로 끝이 있다고 말할 수 있습니다.

그러므로 **유클리드의 호제법은 최종적으로 최대공약수를 구할 수 있습니**

다. 무한루프를 걱정하지 않고 컴퓨터 프로그램으로 만들어도 괜찮은 알고리즘입니다.

여러분이 프로그램을 짠다면 동작에 끝이 있는지를 신경 써야 합니다. 그리고 대부분의 경우 무한루프가 나타나지 않는지 확인할 때 앞에서 봤던 2가지 사례와 같은 사고방식이 유용합니다.

컴퓨터도 일이 편한 것이 좋다?

프로그램을 짤 때 중요한 두 번째는 '계산 횟수는 적을수록 좋다'입니다. 앞에서 인수분해를 이용해 편하게 계산했습니다.(103쪽 참고)

그럼 바로 2^{16}을 계산해봅시다.

계산법 ①	계산법 ②	
$2^2 = 2 \times 2 = 4$	$2 \times 2 = 4$	1회
$2^3 = 4 \times 2 = 8$	$4 \times 4 = 16$	2회
$2^4 = 8 \times 2 = 16$	$16 \times 16 = 256$	3회
$2^5 = 16 \times 2 = 32$	$256 \times 256 = 65536$	4회
$2^6 = 32 \times 2 = 64$		
$2^7 = 64 \times 2 = 128$		
$2^8 = 128 \times 2 = 256$		
$2^9 = 256 \times 2 = 512$		
$2^{10} = 512 \times 2 = 1024$		
$2^{11} = 1024 \times 2 = 2048$		
$2^{12} = 2048 \times 2 = 4096$		
$2^{13} = 4096 \times 2 = 8192$		
$2^{14} = 8192 \times 2 = 16384$		
$2^{15} = 16384 \times 2 = 32768$		
$2^{16} = 32768 \times 2 = 65536$	15회	

계산법 ①은 그냥 2를 15번 곱했습니다. 수학에서는 일단 풀 수만 있다면 괜찮다는 자세도 중요하므로 정답이라면 상관없습니다. 하지만 계산하기 힘들어 보입니다.

한편 일상에서 계산할 때도 그렇지만 프로그래밍에서도 손이 덜 가는 방식이 더 좋으므로 계산법 ②와 같은 방식도 알아두면 좋습니다. '4×4'는 '$2^2 \times 2^2 = 2^4$', '16×16'은 '$2^4 \times 2^4 = 2^8$', '256×256'은 '$2^8 \times 2^8 = 2^{16}$' 방식입니다. 마지막 계산이 세 자릿수의 곱셈이므로 힘들 수도 있습니다. 하지만 계산 횟수는 4번뿐이므로 15번에 비해 많이 줄었습니다.

더욱 큰 수를 계산할 때 이 방법이 빛을 발합니다. 예를 들어 2^{100000}을 계산한다고 가정합시다. 계산법 ①로는 10만 회의 계산이 필요하므로 인간이 하기는 무리입니다. 하지만 계산법 ②는 20회 정도의 계산으로 끝납니다.

컴퓨터라면 10만 제곱쯤은 계산법 ①로도 충분히 처리할 수 있지만, 1억 제곱, 10억 제곱 등으로 계산 횟수가 늘어나면 컴퓨터도 작동이 느려집니다. 하지만 계산법 ②라면 1억 제곱도 계산 횟수가 두 자릿수 정도이므로 문제없습니다.

컴퓨터는 계산 횟수를 줄이는 것도 중요합니다.

인수분해와 암호

벌써 세 번째 등장이군요. 계산 횟수와 속도의 관점에서 유클리드의 호제법을 생각해봅시다. 최대공약수는 기계적으로 나눗셈을 반복하면 저절로 답이 나옵니다. 물론 숫자의 크기에 따라 다르지만 속도만 보면 그럭저럭 빠른 편입니다.

한편으로 인수분해에서 최대공약수를 구하는 방법도 있었습니다. '두 걸음'

에서도 말했듯이 이 방법도 나름 이점이 있습니다. 지금 157을 한번 인수분해해보세요. 2, 3, 5, 7, 11, 13과 같은 소수들로 계속해도 나누어떨어지지 않습니다. 먼저 소수 자체를 알아내야 하고 그 소수들을 순서대로 일일이 검증할 필요가 있으니 느린 것입니다. 거대한 수를 인수분해해야 한다면 엄청난 횟수의 시행착오가 필요합니다. 그러므로 거대한 수의 인수분해는 컴퓨터 프로그램에 채용하지 않는 쪽이 더 좋습니다.

이를 역으로 이용한 'RSA 암호'라는 것이 있습니다. 자주 쓰이는 암호 방식이기도 합니다. 거대한 수의 인수분해는 계산 횟수가 방대한 탓에 시간도 많이 걸리므로 현실적으로 풀기 어렵다는 논리로 이루어진 암호입니다.

저는 계산 문제를 빠르게 푸는 프로그램을 만들어서 빨리 제출하는 '경쟁 프로그래밍'을 하고 있습니다. 계산할 양을 줄일수록 컴퓨터도 확실히 빨리 작동합니다.

여러분도 컴퓨터나 스마트폰을 사용할 때 동작이 빠르면 쾌적하다고 느낄 것입니다. 그 쾌적함을 위해서는 하드웨어(CPU)를 고성능으로 교체하는 방법 외에도 소프트웨어(프로그램)가 계산할 양을 줄여주는 방법도 효과적입니다.

이번 이야기를 보시고 일상에서 2^{16}가 필요하냐고 생각하지 말기를 바랍니다. 쉽게 계산할 수 있는 방법을 생각한다는 것이 중요합니다. 이런 방법을 알아내면서 수학에 관심을 가지고 즐기는 계기가 되면 좋겠습니다.

수학자나 정보과학자는 항상 얼마나 더 간단하게 처리할 수 있는지, 얼마나 게으른 방법으로 일처리를 할 수 있는지 항상 생각합니다. 그런 발상들이 기술의 발전으로 이어지고 있지요.

여섯 걸음 정수의 답을 원하면 정수로 풀자

답이 실수일 때와 정수일 때의 차이

❓ 문제

용량이 7L인 양동이와 5L인 양동이가 있습니다. 두 양동이와 큰 욕조를 이용해서 1L를 만드세요. 물은 수돗물에서 무제한으로 퍼낼 수 있습니다. 욕조에 넣은 물도 퍼낼 수 있습니다.

두 종류의 양동이로 욕조에 물을 넣었다가 퍼냈다가 하면서 1L를 만들어야 합니다. 조금만 생각해보면 여러 답이 나옵니다.

예를 들어 7L의 양동이로 욕조에 물을 3번 부으면 21L가 됩니다. 그리고 5L의 양동이로 욕조 물을 4번 퍼내면 20L가 줄어들어서 욕조에 1L가 남습니다. 또는 5L의 양동이로 3번 물을 붓고 7L의 양동이로 2번 퍼내면 1L가 남습니다.

이 문제를 일차함수로 수식화하여 풀 수 있습니다.

7L를 3번 붓고 5L를 4번 퍼내기

$\Rightarrow$ $7 \times \underline{3} + 5 \times (\underline{-4}) = 1$

5L를 3번 붓고 7L를 2번 퍼내기

$\Rightarrow$ $7 \times (\underline{-2}) + 5 \times \underline{3} = 1$

즉, $7\underline{x} + 5\underline{y} = 1$

이런 형태의 식 '$ax + by = c$'은 모두 직선을 표현하는 일차함수입니다.(134쪽 참고) 일차함수의 그래프는 x값이 정해지면 y의 값도 하나로 정해지는 집합입니다. 그러므로 '$7x + 5y = 1$'에서 '$x = 1$'일 경우는 '$y = -\dfrac{6}{5}$'입니다.

하지만 이번 문제의 x와 y는 '횟수'이므로 정답은 **정수여야 합니다.** 실수라고 뭐든 좋은 것만은 아닙니다. '$y = -\dfrac{6}{5}$'라는 답이 나와도 그런 횟수는 있을 수 없으니 정답이 될 수 없습니다.

'$ax + by = c$'에서 정수의 답을 구하기

실수는 더 많은 수를 포함하고 있어서 만능적인 이미지가 있습니다. 하지만 수차례 말했듯이 정수로만 성립 가능한 문제도 있고, 정답도 정수만 나와야 하는 경우도 있습니다. 그러므로 정수로 문제를 푸는 방법은 매우 활발하게 연구되고 있습니다.

이 문제를 발전시켜보겠습니다. 6L와 4L의 양동이로 1L를 만들어보겠습니다. 즉, '$6x+4y=1$'에서 정수의 답이 있는지를 묻는 문제라고 하면 어떨까요?

6과 4는 짝수입니다. 서로 더하거나 빼도 짝수밖에 되지 않습니다. 그렇다면 홀수인 1이 될 수 없다는 것이니 정수만으로 이루어진 정답은 '없습니다.'

329L와 336L의 양동이라면 어떨까요? 바로 문제를 해결하기가 쉽지 않습니다. 그래도 무릇 수학자라면 풀어내고 싶은 마음이 있습니다. 게다가 되도록 간단하게 말입니다.

$ax+by=c$ ($a \neq 0$, $b \neq 0$)
- **a와 b의 최대공약수**가 c를 나누어떨어지게 하면 정수의 답은 무한 개 있다.
- c가 나누어떨어지지 않으면 정수의 답은 없다.

수학자 에티엔 베주가 이러한 규칙을 발견하고 독특한 풀이법도 찾았습니다.

그렇다면 과연 329L과 336L의 양동이로 1리터를 만들어낼 수 있을까요?

이를 수식화하면 '$329x+336y=1$'입니다. 베주의 규칙에 따르면 329와 336의 최대공약수가 1을 나누어떨어지게 하면 답이 나옵니다. '$c=1$'의 경우로 한정하면 애초부터 1은 1로만 나누어떨어집니다. 그러므로 a와 b의 최대공약수가 1이 아니라면 정수의 답은 '없다'입니다.

참고로 두 정수를 모두 나누어떨어지게 만드는 정수가 1밖에 없는 관계, 즉 최대공약수가 1밖에 없는 관계를 수학에서 '서로소'라고 합니다.

329와 336의 최대공약수를 찾아봅시다. 최대공약수를 구하려면 유클리드의 호제법을 이용하면 됩니다. 재빨리 찾아보겠습니다.

$$336 \div 329 \rightarrow 1 \text{ 나머지 } 7$$
$$329 \div \boxed{7} \rightarrow 47 \text{ 나머지 } 0 \quad \Leftarrow \text{ 나누는 수를 나머지로 나누기}$$

최대공약수가 7이므로 1을 나누어떨어지게 할 수 없습니다. 그러므로 '$329x + 336y = 1$'의 정수의 답은 '없다'입니다.

다음으로 정수의 답이 있는 문제를 풀어보겠습니다. '$10x + 13y = 1$' 재빨리 10과 13의 최대공약수를 유클리드의 호제법으로 구합니다.

$$13 \div 10 \rightarrow 1 \text{ 나머지 } 3 \ \text{——} \ ①$$
$$10 \div 3 \rightarrow 3 \text{ 나머지 } 1 \ \text{——} \ ② \quad \Leftarrow \text{ 나누는 수를 나머지로 나누기}$$
$$3 \div \boxed{1} \rightarrow 3 \text{ 나머지 } 0 \quad \Leftarrow \text{ 나누어떨어졌다!}$$

최대공약수는 1이므로 '$10x + 13y = 1$'의 정수의 답은 있습니다. 답이 있으니 진짜 정답이 무엇인지 풀어보고 싶지 않나요?

그래서 베주는 유클리드의 호제법을 수학적으로 올바른 형태로 바꾸었습니다. 그리고 변형을 통해 답 하나를 유도했습니다.

①을 올바른 식으로 표현하기······13=10×1+3 ⸺ ①′

②를 올바른 식으로 표현하기······10=3×3+1 ⸺ ②′

⬇ ①′과 ②′를 각각 나머지에 착안하여 변형하기

13−10×1=③ ⸺ ①″

10−③×3=1 ⸺ ②″

⬇ ①″을 ②″에 대입한다.

10−(13−10×1)×3=1

10−13×3+10×3=1 ⬅ 분배법칙 사용

⬇ 10x+13y=1 형태로 만들기

10×4+13×(−3)=1

이에 따라서 '10x + 13y = 1'의 정수의 답 중 하나는 'x = 4, y = −3'입니다. 그리고 답 하나를 알았다면 무한히 있는 다른 답도 줄줄이 알 수 있습니다.

'10x + 13y' 식은 x가 13이 늘어나면 y값은 10이 줄어듭니다. 사실상 ± 0이니 값은 바뀌지 않습니다. 천칭의 좌우에 10x와 13y가 놓여 있고, 둘은 평형을 이루고 있다고 생각해봅시다. x가 13을 늘리면 10x는 130이 늘어납니다. 이때 y에서 10을 줄이면 130y는 130이 줄어듭니다. 그렇기에 값이 바뀌지 않습니다.

실제로 'x = 4'에서 13을 늘려서 'x = 17'일 때 'y = −3'에서 10을 줄이면 '−13'입니다. 이때 '10x + 13y = 1'이 성립할까요? 직접 계산해보면 '10 × 17 + 13 × (−13) = 170 − 169 = 1'이 됩니다.

x와 y를 더욱 증감해봅시다. 'x = 30, y = −23'이라면, 반대로 'x = −9, y = 7'이라면 어떨까요? 직접 계산해보시기 바랍니다. 이런 경우에도 '10x +

$13y = 1$'은 성립합니다.

이 '무기'를 이용하면 모든 답이 나옵니다. 이 책에서는 생략하지만 증명할 수도 있습니다.

베주의 이론이 어려웠나요? 사실 이 이야기는 고등학교 수학 범위이므로 당연합니다.

다만 제가 처음 이 이야기를 알았을 때는 **'멋진 유클리드의 호제법을 변형하고 대입할 수 있구나!'** 하고 감동한 적이 있습니다.

맨 처음 살펴본 양동이 문제는 퍼즐과도 같은 이야기였습니다. 이 문제도 나름 수학적으로 재미있습니다. 하지만 여기에 그치지 않고 규칙성을 찾아보고 어떤 문제도 풀어내고자 하는 수학자의 집념이 담긴 이야기에도 흥미를 가지면 좋겠습니다.

'정수의 길'은 여기까지입니다. 적어도 실수와는 다른 특수한 문제가 있다는 것을 알았을 것입니다. 대학입시에도 정수의 문제는 많이 나옵니다. 그 문제들을 풀고 싶다면 일찍부터 정수와 그 성질에 민감해져야 합니다. 정수의 문제를 하나의 장르로, 이 책에서 말하는 '길'로 인식하지 못하면 뒤로 미루다 무방비가 될 수 있기 때문입니다.

기본적으로 정수 문제는 꽤 어렵습니다. 그래도 수학을 좋아하면 그런 문제에 재미를 붙일 것입니다.

궁극적인 예를 말씀드리겠습니다. '페르마의 마지막 정리'라는 멋진 이름을 가진 정리를 아시나요?

$$x^n + y^n = z^n$$

n이 3 이상의 정수(자연수)일 때

위 식을 만족하는 자연수 x, y, z는 존재하지 않는다.

이 식만 보면 피타고라스의 정리와 유사하게 여겨질 것입니다. 궁금하신 분은 꼭 알아보시기 바랍니다.

존재하지 않음을 증명하는 것이 더 어렵습니다.(116쪽 참고) 이 정리는 페르마가 죽은 지 300년이 넘은 1995년에 증명되었습니다. 당시 뉴스에도 나왔지요. 이 또한 정수 문제입니다.

한 걸음   일상과 비즈니스에도 다양한 수학의 논리가 있다   (초등학교~고등학교)

두 걸음   '증명'은 옳다는 것을 설명하는 것   (중학교)

세 걸음   '반례'에 민감하면 증명이 맞는지 이해하는 데 도움된다   (중학교)

네 걸음   틀린 증명을 꿰뚫어보자   (중학교)

다섯 걸음 빈틈없는 '조건 분기'로 모든 경우의 수를 증명한다   (고등학교)

여섯 걸음 잘 다루면 매우 유용한 무기, '역, 이, 대우'   (고등학교)

일곱 걸음 '다른 세계'를 부정해서 증명한다, '귀류법'의 놀라움   (고등학교)

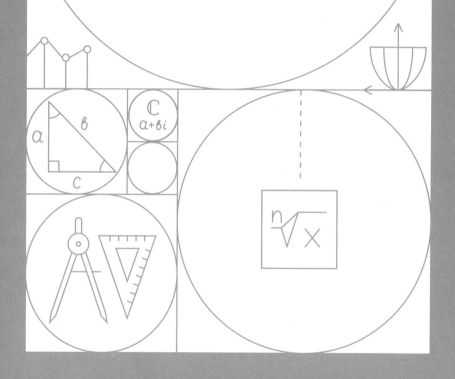

제7장

논리와 증명의 길

일상과 비즈니스에도 다양한 수학의 논리가 있다

수학적 논리란 무엇일까?

수학적 문제로 받아들이는 것, 즉 공식화를 할 수 있는지가 중요하다고 몇 번 말씀드렸습니다. '여기서 문제를 푸는 것'까지 짚고 넘어가려면 '논리'가 필요합니다. 응용문제이든 증명하는 문제이든 현실에 존재하는 '정답이 없을 수도 있는 문제'에서 우리가 얻어낸 여러 기초들, 즉 '무기'를 쓸 경우에는 특히 그렇습니다.

그렇다면 논리란 무엇일까요? 자신의 생각을 발표할 때 결론을 이끄는 과정을 말합니다.

그리고 수학적 논리를 펴는 그 과정에서는 '무조건 옳은 이야기'를 해야 합니다.

당연하지만 일상의 대화와 수학적인 논리는 다릅니다. 일상의 대화에서는 '저 빵집의 케이크는 대강 오후 2시에 다 팔릴 테니 12시 정도에는 출발하자' 혹은 '저는 그 그림이 아름답다고 생각합니다' 이런 식으로 대화해도 문제없습니다.

다만 이런 '경향'이나 '감상'이 꼭 맞지는 않습니다. 오후 2시일 줄 알았는데 12시에 다 팔릴 수도 있고, 그림이 아름답다고 생각하지 않는 사람도 있습니다. 절대적이지 않다는 말입니다.

한편 비즈니스에서는 '논리적 사고'가 중요합니다. 말하자면 '설득력 있게 말하는 것'입니다. 여기서 자주 쓰이는 것이 바로 '연역법'과 '귀납법'입니다. 말하자면 논리의 형식이자 '무기'의 한 종류입니다.

연역법이란 무엇일까요? 예를 들어 여러분이 '일식을 잘하는' 외식 체인점에서 일한다고 합시다. 신메뉴 개발을 할 때 '좋은 쌀을 쓰고 있으니 주먹밥을 만들어볼까?'라는 것이 연역적 사고방식입니다. 일식을 잘하는 회사의 가장 큰 장점을 이용해서 '주먹밥'을 일식이라는 하나의 공식에 끼워 맞추는 것입니다.

귀납법은 이와 반대입니다. '한입 크기의 슈크림 빵이 잘 팔린다', '팥소가 들어 있는 작은 찹쌀떡이 잘 팔린다', '그렇다면 미니케이크도 잘 팔리지 않을까?' 이처럼 개별적인 이야기를 모아서 '작은 것이 트렌드다'라는 큰 테마를 유도해 제품 개발을 기획하는 사고방식입니다.

물론 실제 현장에서는 더욱 면밀한 데이터 조사를 통해 더욱 설득력 있게 주장하지만 논리의 구조는 이런 형태입니다.

그리고 수학적 논리는 기본적으로 귀납법을 쓰지 않습니다. 그러므로 수학의 논리와 비즈니스 논리도 다릅니다.

왜 그런지는 '콜라츠 추측'를 생각해보면 이해하기 쉽습니다.(245쪽 참고) 수학에서는 수많은 성공 사례만을 모았다고 하더라도 함부로 크게 일반화하면 안 됩니다.

비즈니스 현장에서는 어느 정도 설득력 있는 논리 구조라고 해도 수학에서는 그렇지 못한 것들이 있습니다. 비즈니스에서 귀납법을 쓸 때는 설득력이 있어도 엄밀히 말하는 것이 아니라는 점을 인식해야 합니다.

'수학적 논리', '논리적 사고', '일상 대화'의 관계는 '절대적 옳음'이라는 관점에서 보면 다음과 같습니다.

논리 \ 장면	일상 대화	논리적 사고	수학적 이론
수학적 이론	○	○	○
논리적 사고	○	○	△
일상 대화	○	△	△

이 책에서는 대략적으로 답을 구한 경우가 많았습니다. 그 이유는 위 그림의 화살표처럼 수학 문제를 되도록 일상의 문제로 바꾸었기 때문입니다. 현실의 문제를 수학적 공식으로 만들어서 풀었습니다.

답이 정확하지 않아도 상관없다는 것이 아니라 사고방식이나 풀이법에 쓰이는 '무기'를 더 잘 이해하기 위해서입니다.

수학적 이론만 생각하면 너무 세세하고 별로 친해지고 싶지 않을지도 모릅니다. 그저 수학적으로 옳다는 것을 증명하면서도, 강한 논리의 형식으로 이야기를 구성했기에 주제를 이탈하거나 갑자기 다른 주제로 바꾸지는 않았습니다. 제가 원했던 결론을 향해 쭉 나아갔지요.

수학을 배움으로써 이러한 문제 해결력을 키울 수 있습니다. 사실 수학적 논리는 마음만 먹으면 일상이나 비즈니스, 심지어 사회문제를 해결하는 데도 얼마든지 이용할 수 있습니다.

두 걸음 '증명'은 옳다는 것을 설명하는 것

중학교

'수학적인 사실'을 계속 쌓아나간다

'논리' 다음으로는 증명에 대해 말씀드리겠습니다. 이야기가 크게 바뀌지는 않습니다. '다른 사람에게 옳다고 증명하는 것, 그리고 반박이 없어야 한다'는 것이 바로 증명이 가진 '마음'입니다.(148쪽 참고) 그러므로 증명하는 문제를 풀면 수학적 논리를 연습할 수도 있습니다. 어떤 논리가 절대적으로 옳다고 설명하기 위해서는 옳은 말만 계속 쌓아가야 합니다.

그렇다면 옳은 말이란 무엇일까요? 지금까지 우리가 걸어온 '길'에서 획득한 '무기'들을 말합니다. 피타고라스의 정리, '삼각형 내각의 합은 180°' 등 옳다는 것이 증명된 사실 말입니다.

계산 문제에서 무언가의 값을 구할 때도 수학적으로 옳은 논리들을 쌓아가야 합니다. 물론 머릿속에서 이미 증명했다 하더라도 실제로 증명하는 문제는 잘 못 푸는 사람들이 많으므로 먼저 익숙해져야 합니다.

❓ 문제

$\sqrt{2}$ 가 정수가 아님을 증명하세요.

이런 문제를 갑자기 마주한다면 우주 공간에 내던져진 느낌일 겁니다. 도움을 구하고 싶어지지요. 여기서는 '증명하세요'라고 적었지만, 일반적으로는

'증명하라/나타내라'는 투로 표현합니다. 그래서 익숙하지 않으면 위압감도 느껴질 겁니다.

이미 여러분은 $\sqrt{2}$ 가 1.414……라는 무리수임을 알고 있습니다. 그러므로 어떻게 하더라도 정수는 아니라고 생각하겠지만, $\sqrt{2}$ 는 $\sqrt{2}$ 라는 수이고 누구도 1.414……와 같다고 보증하지 않았습니다.

이를 다른 사람들에게 옳다고 증명하려면 어떻게 해야 할까요?

$\sqrt{2}$ 는 어떤 수인가?   ➡   제곱하면 2가 되는 수

우리는 '수의 길'에서 이렇게 배웠습니다. 결국 이 정의로부터 $\sqrt{2}$ 가 1과 2 사이에 있음을 말할 수 있어야 합니다.

증명 $\sqrt{2}$ 는 제곱하면 2가 되는 양수다.
자연수 1의 제곱은 1, 자연수 2의 제곱은 4라는 사실에서 다음과 같은 관계가 성립한다.
$$1 < 2 < 4$$
즉,
$$1^2 < (\sqrt{2})^2 < 2^2$$
그러므로
$$1 < \sqrt{2} < 2$$
라고 할 수 있다.
$\sqrt{2}$ 는 정수 1과 2 사이에 있으므로 정수라고 할 수 없다.

더 깊이 살펴보면 $\sqrt{2}$ 의 정의 외에 수학적인 사실이 몇 가지 더 있습니다.

먼저 '$\sqrt{2}$ 는 정수 1과 2 사이에 있으므로' 1과 2 사이에 다른 정수가 없다는 정수의 성질을 이용했습니다.

그리고 '$1^2 < (\sqrt{2})^2 < 2^2$ 이면 $1 < \sqrt{2} < 2$ 이다'라고 말할 수 있는 이유는 다음과 같은 사실에서 확인할 수 있습니다.

양수 a, b가 있을 때,　➡　$a < b$　이면　$a^2 < b^2$

반대로　➡　$a^2 < b^2$ 이면　$a < b$

이런 식으로 수학적인 논리와 증명에서는 원하는 결론을 얻기 위해 수학적으로 옳은 여러 사실들을 쌓아 올립니다.

피타고라스의 정리를 증명했을 때도 그랬습니다.(190쪽 참고) 결론에 도달하는 과정에서는 어떤 이야기를 해도 좋습니다. 단, 반론의 여지가 없는 말이어야 합니다. 그러므로 증명에는 여러 방법과 사고방식이 있을 수밖에 없지요.

그리고 증명하는 문제에만 국한된 이야기는 아니지만 어떤 문제를 풀 때 자신이 풀어낼 수 있는 이야기, 즉 수학적인 사실을 많이 가지고 있어야 유리합니다. 그 사실 하나하나가 '무기'이며 기초입니다.

참고로 방금 언급한 '$a < b$이면 $a^2 < b^2$'라는 명제는 두 수가 음수일 때는 성립하지 않습니다.

예를 들어 '$a = -4$, $b = -2$'라면 $a < b$ 가 맞지만 각각 제곱하면 16과 4가 되므로 $a^2 < b^2$라는 명제와 맞지 않습니다.

'반례'에 민감하면 증명이 맞는지 이해하는 데 도움된다 `중학교`

옳으면 증명, 틀리면 '반례'

이 책에서 이미 몇 번 언급했던 '반례'에 관한 이야기입니다. 반례란, 어느 주장이 어떤 경우에는 성립하지 않는 예를 말합니다. **수학적인 논리와 증명에서는 반례가 있다면 옳은 주장이 아니라고 했습니다.**

그렇다면 왜 반례에 대해 배울까요? 먼저 우리가 틀린 증명을 하지 않기 위해서이고, **증명을 검증하는 데도 이용할 수 있기 때문입니다.** 다음 문제를 생각해봅시다.

? 문제

실수 a, b가 있습니다. a는 정수이고, b는 정수가 아닙니다.
다음 중 옳은 주장과 틀린 주장은 각각 무엇일까요?
① $a+b$는 정수가 아니다   ② $a-b$는 정수가 아니다
③ $a \times b$는 정수가 아니다   ④ $a \div b$는 정수가 아니다

일단 조건에 맞는 수를 대입해서 손을 움직여봅시다.

$$a = 1, \ b = \frac{3}{2} \ \text{라면}\cdots\cdots$$

$$① \ 1 + \frac{3}{2} = \frac{5}{2} \qquad ② \ 1 - \frac{3}{2} = -\frac{1}{2}$$

$$③ \ 1 \times \frac{3}{2} = \frac{3}{2} \qquad ④ \ 1 \div \frac{3}{2} = \frac{2}{3}$$

모두 정수가 아니다.

$$a = 2, \ b = \sqrt{2} \ \text{라면} \cdots$$

$$① \ a + b = 2 + \sqrt{2} \qquad ② \ a - b = 2 - \sqrt{2}$$

$$③ \ a \times b = 2\sqrt{2} \qquad ④ \ a \div b = 2 \div \sqrt{2} = \frac{2}{\sqrt{2}} = \frac{2\sqrt{2}}{2} = \sqrt{2}$$

역시 모두 정수가 아니다.

그렇다면 ①~④ 모두 반례가 없는 맞는 주장일까요? 답부터 말하면 ③과 ④는 반례가 있으므로 틀린 주장입니다. 예를 들어 다음과 같습니다.

나의 체크

$$a = 2, \ b = \frac{3}{2} \ \text{라면} \cdots \ a \times b = 2 \times \frac{3}{2} = 3 \quad \Leftarrow \ \text{정수가 된다!}$$

$$a = 2, \ b = \frac{2}{3} \ \text{라면} \cdots \ a \div b = 2 \div \frac{2}{3} = 3 \quad \Leftarrow \ \text{정수가 된다!}$$

수학 문제이든 일상의 문제이든 반례를 하나 들면 그 주장이 틀렸다고 지적할 수 있습니다. 주장이 옳지 않아 보인다면 일단 반례를 들면 됩니다.

주장이 옳다면 일상적인 토론에서는 상대가 납득하면 됩니다. 하지만 수학 문제는 정말 옳은지 증명을 요구하는 경우가 많습니다.

그렇다면 '① $a + b$는 정수가 아니다'가 옳다는 것을 증명할 수 있을까요?

> **증명** b는 정수가 아니므로
> $$c < b < c + 1$$
> 을 만족하는 c가 존재한다.
> 그러므로 정수 a를 더하면
> $$a + c < a + b < a + c + 1$$이므로,
> 인접한 정수 사이에 부등호가 들어가므로
> $a + b$는 정수라고 할 수 없다.

좀 더 보충하면 '두 걸음'에서 '$\sqrt{2}$ 가 정수가 아님'을 증명하는 문제와 비슷합니다. b는 정수가 아니므로 어느 인접한 두 정수 사이에 끼어 있습니다.

이를 c로 두고, **인접한 정수란 두 정수의 차이가 ±1일 때**를 말합니다. 정수 c에 1을 더하면 그 사이에 b가 있다는 말입니다.

문제에 따르면 a는 정수입니다. **정수와 정수를 더한 수도 정수입니다.** 그러므로 '$a + c$'와 '$a + c + 1$'은 모두 정수이고 인접해 있습니다. 그 사이에 '$a + b$'가 있으므로 정수일 수 없습니다. 위 증명은 바로 이런 설명을 한 것이지요. ②도 같은 사고방식으로 증명할 수 있으니 꼭 도전하시기 바랍니다.

반례를 찾는 요령

이 문제의 반례는 쉽게 찾았습니다. 원래는 그렇게 쉽지 않습니다. 다음 문제를 한번 살펴보겠습니다.

 문제

> a는 유리수입니다. b는 무리수입니다. $a×b$는 무리수일까요?

이 주장이 맞다면 증명하고 틀렸다면 반례를 찾아야 합니다. 과연 어떨까요?

$$a = 1,\ b = \sqrt{2}\ \text{라면} \quad \cdots\cdots \quad a \times b = \sqrt{2}$$

이므로 무리수

$$a = \frac{4}{3},\ b = \pi\ \text{라면} \quad \cdots\cdots \quad a \times b = \frac{4}{3}\pi$$

역시 무리수

어떻게 생각하더라도 무리수가 될 것만 같습니다. 하지만 앞에서 '반례 찾기가 쉽지만은 않다'고 말씀드렸습니다. 사실 반례는 존재합니다.

답만 들어보면 '아, 뭐야' 싶을 겁니다. '$a = 0$'일 경우 '$a \times b = 0$'이므로 유리수입니다. 유리수는 0도 포함합니다.

어디까지나 학교 수학 문제와 관련된 이야기이지만, 다음과 같이 반례를 찾는 요령이 있습니다.

나의 체크

① 0을 생각하기 ② 극단적인 경우를 생각하기
③ 1을 생각하기 ④ 이상한 사례를 모아두기

①은 강력 추천합니다. 저라면 유리수라는 말을 보고 곧바로 0부터 떠올립니다.

②는 예를 들어 '삼각형'이라는 말이 있으면 거의 일직선에 가까운 아주 납작한 삼각형을 생각하거나, 반대로 완벽한 모양의 정삼각형을 생각하기도 합

니다.

③은 ①과 비슷합니다. 하지만 의외로 맹점이 있습니다.

④는 오목사각형과 같은 것을 말합니다.(176쪽 참고) 이런 이상한 것 말고도 자신이 틀려본 문제를 모아두면 좋습니다. 이번처럼 '$a = 0$'이라는 조건에 걸렸으면 다음번에는 그러지 않도록 신경 씁니다.

오류가 숨어 있는 포인트

'반례' 다음으로 더 폭넓게 생각해야 할 것이 있습니다. 과연 '오류를 꿰뚫어볼 수 있는가' 하는 것입니다. 이것은 증명뿐만 아니라 문제를 푸는 과정에도 민감해질 뿐 아니라 다른 사람의 주장에도 어떤 오류가 있는지 알아채는 것을 말합니다. 최근에는 꽤 중요한 능력이라고 생각합니다.

? 문제

실수 a는 2배를 하거나 제곱을 해도 같은 값이 됩니다. 실수 a는 무엇일까요?

식을 세우면 오른쪽과 같습니다. 2배를 한 값과 제곱한 값이 같다는 뜻입니다. 양변을 a로 나누면 '$2 = a$'입니다. 2는 확실히 2배를 하거나 제곱을 해도 값이 4이므로 조건에 맞습니다.

$$2a = a^2$$

여기서 누군가 '실수 a는 2입니다!'라고 주장했다고 합시다. 여러분은 그런 주장을 할 수 있나요?

수학뿐만 아니라 **주장하거나 해답을 제시하기 전에 틀린 점이 없는지 생각해보는 습관을 들입시다.** 이 경우는 '세 걸음'에서 말했듯이 '0을 생각'해보세요. 0 또한 조건이 맞습니다. 이것은 반례는 아닙니다. 하지만 이로써 답은 하나가 아니라 2개임을 알아냈습니다.

답이 '$a = 2$' 하나라면 왜 틀렸는지 알아봅시다. 양변을 a로 나누었다는 점이 틀렸습니다. a가 0일 경우 나눗셈을 할 수 없기 때문입니다.(51쪽 참고)

해답 ①

$2a = a^2$

ⅰ) $a = 0$일 때 $2a = a^2$는 성립하므로

0은 해답 중 하나이다.

ⅱ) $a \neq 0$일 때 양변을 a로 나누면

$2 = a$

그러므로 $a = 0, 2$

경우에 따라 사정이 달라지는 조건에는 반례와 실수가 일어나기 쉬우므로 주의합니다. 예를 들어 'a, b, c가 실수일 때 그래프 $y = ax^2 + bx + c$는 포물선인가?' 이런 문제라면 '$a = 0$'일 때는 '$y = bx + c$'라는 직선이 됩니다.

또 이 문제에는 다른 풀이법이 있습니다.

해답 ②

$2a = a^2$

이차방정식을 푼다.

$a^2 - 2a = 0$

인수분해하면

$a(a - 2) = 0$

따라서 $a = 0, 2$

수식을 만들었을 때 이차방정식임을 알아냈다면 a의 모든 경우를 놓치지 않고 정답을 유도할 수 있습니다.

'무기'가 많으면 싸우는 방식도 늘어납니다. 이것은 아주 좋은 증명 사례이지요.

빈틈없는 '조건 분기'로 모든 경우의 수를 증명한다

모든 경우를 파악하는 것이 중요하다

경우에 따라 조건이 달라질 때, 'ⅰ) ○○일 때', 'ⅱ) △△일 때'와 같은 '조건 분기'를 사용했습니다. 그것을 '경우 구분'이라고도 하는데, 수학을 잘하는 사람은 그것을 효과적으로 잘 사용합니다. 이 또한 수학적인 논리와 증명에서 실력 차이가 나기 쉬운 '무기'입니다.

❓ 문제

양의 정수를 제곱해서 나오는 수를 '제곱수'라고 합니다. 제곱수를 3으로 나눌 때 나머지가 2가 되지 않는다는 것을 증명하세요.

이것은 제곱수를 3으로 나누면 나머지가 2가 되지 않는다는 말이 옳다고 설명하는 문제입니다.

제곱수를 나열하기

$$1^2=1 \quad 2^2=4 \quad 3^2=9 \quad 4^2=16 \quad 5^2=25 \quad 6^2=36 \cdots\cdots$$

각각 3으로 나누기

$1\div3 \rightarrow 0$ 나머지 1

$4\div3 \rightarrow 1$ 나머지 1

$9\div3=3$

$16\div3 \rightarrow 5$ 나머지 1

$25\div3 \rightarrow 8$ 나머지 1

$36\div3=12$

지금까지는 확실히 나머지가 2가 되지 않는 모양입니다. 현실에서 어떤 것을 조사하면 이러이러한 결과가 나오겠다고 추측하게 됩니다. 그리고 이런 결과가 나오면 좋겠다는 '마음'도 생깁니다. 하지만 이런 생각들을 주장할 때는 증명이 필요합니다. 그 증명이 옳은지 확인하면서도 남들의 반박을 막아내려면 반례에 민감해질 필요가 있습니다.

이번 문제는 반례가 없다는 결론이 미리 나왔습니다. 그러니 나머지가 2가 되지 않는다는 것만 증명하면 됩니다. 원래는 이런 태도로 현실의 문제도 생각해봐야 합니다.

이 문제는 대전제가 있습니다. 모든 양의 정수는 3으로 나누어떨어지고 나머지가 0이나 1이나 2가 된다는 사실은 알고 있겠죠? 나머지가 0이라는 것은 나누어떨어지는 경우입니다. 그리고 나누는 수가 3이므로 나머지가 3보다 더 클 수 없습니다.

'각각의 경우와 조건을 상황에 따라 생각해보자'는 '마음'을 가져보면 좋습니다.

증명 어느 양의 정수를 n이라고 한다.

ⅰ) n을 3으로 나누면 0이 남을(나누어떨어진다) 때

n의 3의 배수이므로

$n = 3m(m$은 정수)라고 할 수 있다.

그러므로 양변을 제곱하면

$n^2 = 9m^2 = 3 \times 3m^2$이므로

n^2은 3의 배수이다.

ⅱ) n을 3으로 나누어서 1이 남을 때

$n = 3m + 1(m$은 정수)라고 할 수 있다.

그러므로 양변을 제곱하면

$$n^2 = (3m+1)^2 = \underline{9m^2 + 6m} + 1$$

$9m^2 + 6m$은 $3(\underline{3m^2 + 2m})$이므로 3의 배수이다.

이 경우 n^2을 3으로 나누면 항상 1이 남는다.

iii) n을 3으로 나누면 2가 남을 때

$n = 3m + 2$(m은 정수)라고 할 수 있다.

그러므로 양변을 제곱하면

$$n^2 = (3m+2)^2 = 9m^2 + 12m + 4$$

$9m^2 + 12m + 4$는 $\underline{9m^2 + 12m + 3} + 1$이고

$9m^2 + 12m + 3$은

$3(3m^2 + 4m + 1)$이므로 3의 배수이다.

이 경우 n^2을 3으로 나누면 항상 1이 남는다.

i)~iii)로부터 제곱근을 3으로 나눈 나머지는 항상 0 혹은 1이므로 나머지가 2일 수 없다.

이것을 증명하기 위해서는 '양의 정수는 3으로 나누어떨어지거나, 나머지가 1 혹은 2밖에 없다'는 수학적인 사실을 알고 있어야 합니다. 그리고 '수의 길'에서 다룬 '전개'를 할 줄 알아야 합니다. 이와 같이 여러 조건들을 분기로 만들어서 빈틈없이 증명할 수 있습니다.

여러 조건을 분기로 나눌 때는 빠뜨린 부분이 없는지 주의해야 합니다.

이번 문제는 '양의 정수는 3으로 나누어떨어지거나, 나머지가 1 혹은 2밖에 없다'는 3가지 패턴이 전부임을 딱 잘라 말할 수 있어야 합니다. 더 많은 조건이 있는데도 그것들을 놓친다면 모든 경우의 수를 증명했다고 할 수 없습니다.

잘 다루면 매우 유용한 무기, '역, 이, 대우'

여섯 걸음 **고등학교**

'역, 이, 대우'의 논리

다음으로 소개할 것은 강한 논리의 형식이자 증명의 '무기'인 '역, 이, 대우'입니다.

주장	'술을 마시는 사람은 20세 이상이다.'

예를 들어 이런 '주장'이 있다고 합시다. 일본에서 법률 위반이 없다고 한다면 올바른 주장이지요?

역	'20세 이상이면, 술을 마신다.'
이	'술을 마시지 않는다면, 20세 미만이다.'
대우	'20세 미만이면, 술을 마시지 않는다.'

이것이 '역, 이, 대우'입니다.

'역'은 주장의 앞과 뒤가 뒤바뀐 문장입니다.

'이'는 문장의 앞뒤는 그대로이지만 모두 부정형입니다.

'대우'는 '역'과 '이'가 합쳐진 모양입니다. 앞뒤가 바뀌고 문장도 부정형으로 바뀌었습니다.

그렇다면 3가지 논리 중에서 옳은 주장은 무엇일까요?

먼저 '역'은 옳지 않습니다. 저는 현재 26세이지만 술을 마시지 않습니다.

그렇다면 '이'는 어떨까요? 저는 술을 마시지 않지만 20세 미만이 아니므로 틀린 논리입니다.

마지막으로 '대우'는 옳습니다. 법률을 위반하지 않는다는 가정하에서 말입니다.

이와 같이 '대우'는 원래 주장과 일치합니다. 하지만 '역'과 '이'는 꼭 그렇지 않습니다. 그러므로 원래 주장이 틀렸다면 '대우'도 틀리지만 '역'과 '이'는 옳을 수도 있습니다.

옳은 논리와 틀린 논리

? 문제

자연수 n의 제곱이 홀수이면 n은 짝수일까요, 홀수일까요?

'역, 이, 대우'를 조금 더 수학적인 논리로 생각해봅시다. 여러분은 이 문제를 어떻게 생각하시나요? 대부분의 사람들은 머릿속에서 자연수를 제곱해볼 겁니다.

$1^2 = 1$(홀수)　　　$2^2 = 4$(짝수)　　　$3^2 = 9$(홀수)

$4^2 = 16$(짝수)　　　$5^2 = 25$(홀수)

여러분은 이렇게 주장하고 싶은 '마음'이 생길 것입니다.

주장 'n^2이 홀수이면 n도 홀수이다!'

하지만 '5의 제곱까지는 그렇다 해도 그 이상의 수는 똑같다고 할 수 없지 않을까?' 이런 반론이 제기되었습니다.

이에 대해 조금 생각해보시기 바랍니다.

여러분은 그 반론에 이렇게 대답하면 됩니다.

'**n이 짝수이면 n^2은 무조건 짝수이므로 제 주장은 옳습니다.**' 원래 주장의 '대우'가 옳음을 제시하여 원래 주장의 타당성을 설명하는 말입니다. 원래 주장이 옳다면 '대우'도 옳다고 했습니다. 짝수에는 무엇을 곱해도 짝수가 되므로 당연히 같은 수를 곱하는 제곱도 짝수가 됩니다.

하지만 틀린 논리에서는 다음과 같은 논리 전개가 자주 나타납니다.

'n^2이 짝수이면 n은 짝수이므로 n^2이 홀수이면 n도 홀수이다!'

이 경우는 우연히 '역'의 논리도 맞습니다. 하지만 어떤 주장과 그 '역'의 옳고 그름이 꼭 일치한다는 보장이 없으므로 주의가 필요합니다.

예를 들어 'n이 2라면 n^2은 짝수'라는 주장은 옳습니다. 'n이 2가 아니면 n^2은 홀수이니까요.' 하지만 이 주장의 '이'를 근거로 들면 그냥 흘려들어서는 안 됩니다. n이 4라서 n^2이 16이 되면 틀린 말이기 때문입니다. 'n^2이 짝수이면 n은 2가 아니다.' 하지만 이 주장의 '대우'를 근거로 들었다면 맞는 말입니다.

저는 일상에서 '반대로'라는 말에 민감하게 반응합니다. 왜냐하면 '반대로'라는 말은 '이'나 '대우'의 논리에서 많이 쓰기 때문입니다.

누군가 자신의 주장이 옳다고 주장하면서, '그러니까 반대로 ○○하면 되죠?'라고 말했다고 합시다. 그러면 여러분은 그냥 듣지 말고 주의 깊게 '대우'의 논리가 되었는지 확인하시기 바랍니다. 속지 않도록 주의하세요.

$\sqrt{n}$ 은 무조건 무리수 아니면 정수인가?

이미 여러 번 다루었듯이 '$\sqrt{2}=1.414\cdots$', '$\sqrt{3}=1.732\cdots$' 이런 무리수와 $\sqrt{4}=2$ 정수입니다. 그렇다면 '$\sqrt{n}$이라면 무리수 아니면 정수인가' 이런 소박한 질문을 대우를 통해 증명하고자 합니다.

아래의 대우가 참이면 주장도 참입니다.

주장

n이 자연수이면
$\sqrt{n}$은 무리수 혹은 정수다.

대우

$\sqrt{n}$이 정수가 아닌 유리수라면
n은 자연수가 아니다.

먼저 정수가 아닌 유리수는 무엇일까요? 바로 분수입니다. 즉, $\sqrt{n}=\dfrac{q}{p}$ (단, p와 q는 서로소, $p\neq1$)라고 표현할 수 있습니다. 서로소는 두 수의 최대공약수가 1인 관계를 말합니다.(253쪽 참고) $\dfrac{q}{p}$란 더 이상 약분할 수 없는 분수입니다. 그리고 p가 1이면 정수입니다. 그래서 p는 1이 될 수 없다는 조건도 있습니다. 그러면 다음과 같이 증명할 수 있습니다.

$$\sqrt{n}=\frac{q}{p} \quad \leftarrow \text{양변을 제곱한다.}$$

$$n=\frac{q^2}{p^2}$$

'p^2와 q^2는 서로소이고 $p^2\neq1$이므로 $\sqrt{n}$이 분수라면 n은 자연수가 아니다. 그러므로 n이 자연수라면 $\sqrt{n}$은 무리수 아니면 정수다.' 이렇게 '대우'를 이용하면 단 몇 줄만으로도 증명할 수 있습니다. 잘 쓰면 강력한 '무기'가 되지요.

'다른 세계'를 부정해서 증명한다, '귀류법'의 놀라움

'다른 세계'의 모순을 폭로하자!

마지막으로 말씀드릴 '귀류법'도 '대우'와 같이 고등학교에서 배우는 '무기'입니다. 학교나 비즈니스 현장에서도 올바르게 쓰이면 크게 도움이 됩니다. 그렇다면 '귀류법'이란 무엇일까요?

주장하고 싶은 A가 있다면 먼저 A를 부정합니다. 그리고 A가 부정된 세상에 대해 논리를 펼칩니다. 그러면 모순이 생겨서 계속 이어나갈 수 없습니다. 결국 A가 부정된 세계는 존재할 수 없다는 것을 알 수 있습니다. '그러므로 A가 있는 세상이 올바르다' 하는 방식으로 증명하는 논리 형식 중 하나입니다.

？ 문제

소수(1 말고 약수를 가지지 않는 수)가 무한히 있다는 사실을 증명하세요.

이제 구체적으로 귀류법을 시도해보겠습니다. 정수는 무한히 있으므로 소수 또한 그럴 것 같습니다. 하지만 이를 설명해야 합니다. 어떻게 하시겠습니까?

귀류법에서는 '소수의 개수는 유한하다, 즉 최후의 소수가 있는 세계'를 생각하면 됩니다.

소수가 유한하고, m개까지 있다고 가정할 때
소수 P는 작은 순서대로
P_1, P_2, P_3, P_4, P_5, ······ P_m과 같이 표시한다.
이들 모두를 곱한 수
$P_1 \times P_2 \times P_3 \times P_4 \times P_5 \times$ ······ P_m는
각 소수의 배수다.

여기까지 잘 따라오셨나요? 소수란 1과 자기 자신만을 약수로 가지는 2 이상의 자연수를 말합니다. 예를 들어 2, 3, 5, 7, 11 같은 수입니다.

소수가 7까지밖에 없다고 가정할 경우 이 세계의 모든 소수인 2, 3, 5, 7을 곱하면 210이 됩니다. 이 수는 마땅히 2, 3, 5, 7의 배수이며 210 또한 이들 소수로 모두 나누어떨어집니다.

$P_1 \times P_2 \times P_3 \times P_4 \times P_5 \times$ ······ $P_m + 1$
라는 수가 있다면
이 수는 어떤 소수로 나눠도 나머지는 1이 되므로
나누어떨어지지 않습니다.
그러므로 $P_1 \times P_2 \times P_3 \times P_4 \times P_5 \times$ ······ $P_m + 1$은
소수이다.
소수가 유한하며 m개까지 있다는 가정에
모순이 생기므로 소수는 무한히 존재한다.

여기서는 210 + 1, 즉 211이라는 정수를 가져왔습니다. 이 수는 2, 3, 5, 7로 아무리 나누어도 나머지가 1이 생깁니다. 그러므로 소수가 7까지밖에 없

다는 세계에서도 211이라는 새로운 소수가 생겼습니다.

위 증명을 정리하면 '소수가 7까지인 세계를 가정했을 때 211이라는 새로운 소수도 있었습니다. 그러므로 소수는 무한하다'는 논리입니다. 이를 일반화하여 '소수가 P_m까지 있는 세계'의 모순을 풀어서 증명한 것입니다.

다만 여기서 주의해야 할 점이 있습니다. 소수가 유한한 세계에서 만든 새로운 소수는 '소수가 무한히 있는 세계'에서도 소수라는 보장이 없습니다. 현실 세계에서는 위 증명과 같은 방법으로 새로운 소수를 만들어내지 못합니다.

소수가 7까지인 세계에서 만들어낸 211이라는 소수는 다행히 현실 세계에서도 소수입니다. 하지만 13까지 있는 세계에서 모두 소수를 곱하고 1을 더하면 30031입니다. 물론 해당 세계에서는 새로운 소수가 맞습니다. 하지만 현실 세계에서는 '30031 = 59 × 509'와 같이 인수분해가 가능합니다. 소수가 아닙니다. 그러므로 소수들을 곱해서 1만 더했다고 꼭 현실에서도 새로운 소수를 만들어내지는 못합니다. 흔히 저지르는 착각입니다.

제가 **귀류법에서 감동한 부분이 있습니다. 실제로는 소수를 단 하나도 만들지 않았음에도 '무한히 있다'고 말할 수 있는 부분입니다.**

우리가 지금까지 배워온 논리를 그대로 따르면 '소수를 무한히 만드는 알고리즘'도 나올 법합니다. 하지만 **귀류법에서는 '이 세계'를 만들어서 그 세계 자체를 부정하는 것만으로도 무한함을 증명**했습니다. 여기에서 우리는 귀류법이 강력한 논리 형식임을 알았습니다.

'여섯 걸음'에서 '반대로'라는 말에 주의하자고 했습니다. '반대로'가 '만약에'라는 뜻으로 쓰이고 그 뒤의 논리가 귀류법이라면 그 논리의 전개도 앞으로 나아갈 가능성이 있습니다.

논리와 증명에는 지금까지 걸어온 '길'에서 획득한 '수학적인 사실'이 필요합니다. 하지만 **논리와 증명 자체에도 '무기'라고 할 만한 형식이 있습니다.**
마치 부드럽고 간결하게 진실로 이끄는 방법 말입니다.

　이 '무기'들을 자신의 것으로 만든다면 주장을 논리적으로 설명하는 힘, 논리적인 문제 해결 능력을 익힐 수 있습니다.

삼각형 퍼즐

해답편

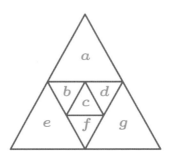

먼저 다음과 같이 7개의 삼각형에 각각 이름을 붙입니다.

그리고 식을 세우면 다음과 같습니다.

$$a+b+e=a+d+g=e+f+g=b+c+d+f=S$$

각각이 S와 같다고 생각하고 모두를 더하면 다음과 같습니다.

$$2a+2b+c+2d+2e+2f+2g=4S$$

한편 문제에 따르면 삼각형 $a\sim g$에는 각각 2~8까지의 정수가 중복 없이 들어가야 합니다. 그러므로 $a\sim g$를 더하면 '2+3+4+5+6+7+8=35'입니다.

여기서 '$2a+2b+c+2d+2e+2f+2g$' 식의 c가 '$2c$'가 되면 좋겠다는 '마음' 이 생깁니다. 그렇다면 $a\sim g$를 모두 더하고 2배를 한 수는 35의 2배인 70과 같습니다.

$$2a + 2b + 2c + 2d + 2e + 2f + 2g = 70$$

이 식이 의미하는 것은 다음과 같습니다. 70에서 원래 없어야 할 c 하나를 빼면 $4S$입니다. 그러므로 4의 배수여야 합니다. 그렇다면 삼각형 c에 들어갈 수는 2 혹은 6이어야 한다는 사실을 알 수 있습니다.

다음은 일일이 숫자를 집어넣어 보세요. 8이 바깥쪽에 있는 삼각형 a, e, g 어느 쪽에 들어가는지, 안쪽의 b, d, f에는 들어가는지를 생각해보면 알기 쉽습니다.

정답은 아래와 같은 6개의 패턴입니다. 잘 보면 숫자의 위치는 회전 혹은 뒤집었을 뿐입니다. 그러므로 실질적으로 답은 하나뿐입니다.

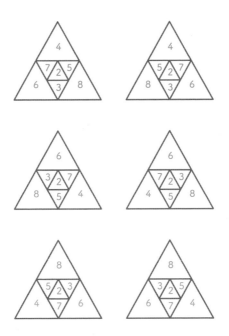

퀴즈왕 쓰루사키의 도전장!
10계단

해답편

먼저 1계단을 오르는 방법은 1가지밖에 없습니다. 1단씩 올라가는 방법뿐이니까요. 2계단을 오르는 방법은 A처럼 1단씩 오르는 방법과 B처럼 한 번에 2단씩 오르는 방법 2가지가 있습니다.

그럼 3계단을 오르는 방법을 생각해봅니다.

3계단을 오를 때는 처음에 1단을 오르고 그다음 2단을 오르는 방법, 처음에 2단을 오르고 그다음 1단을 오르는 방법이 있습니다.

그러므로 3계단을 오르는 방법은 다음과 같습니다.

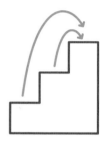

1단 오르고 2단 오르는 방법 ➡ 1가지(A→B)

2단 오르고 1단 오르는 방법 ➡ 2가지(A→A→A / B→A)

모두 더하면 3가지입니다.

그렇다면 똑같이 생각해서 4계단을 오르는 방법은 어떤 것이 있을까요?

2단 오르고 2단 오르는 방법

➡ 2가지(A→A→B / B→B)

3단 오르고 1단 오르는 방법

➡ 3가지(A→A→A→A / A→B→A / B→A→A)
